U0582530

纽约 2019 年畅销书前十名

梦中潜意识

利用梦的力量　成为更好的自己

（美）伊姆兰·赫瓦贾　里兹万·舒贾　著

夏寒松　译

吴少辉　审译

文匯出版社

ISBN 13:9798624176638

免责声明

本书中提供的内容介绍，仅以教育和信息共享为目的。它并不是要取代持照专业人员的正确诊断和治疗。

每一个梦都应该被认真对待，如同那些确实发生在我们身上的事情一样；梦也应该被视为构建我们意识框架的重要因素。

如果我们对一个梦境进行长时间而且充分的思考，如果我们相信梦与我们同在，一遍又一遍地反复思考，那么梦几乎总会让我们有所收获。

卡尔·荣格（Carl G. JUNG）

目　录

译 者 前 言

在人类心灵的广阔天地中，睡眠与潜意识宛如一座神秘的城堡，隐藏着无数关乎我们自身的奥秘。而 Imran Khawaja 博士和 Rizwan Shuja 先生所著的《梦中潜意识：利用梦的力量　成为更好的自己》这本书，恰如一把钥匙，为我们开启了探索这座城堡的大门。感谢留美睡眠医学博士吴少辉先生，在众多优秀候选人中，经作者同意、把此书推荐给本人翻译。

每个人的内心都住着一个小孩，其成长深受原生家庭人际关系和生长环境的雕琢。如阿德勒那般超越自我者固然令人钦佩，但亦有不少人在成长的挫折中迷失，自信心受挫，难以看清真实的自我形象，自我效能亦随之受抑，严重者甚至患上体丑症（体象障碍）。电影《狮子王》中的小狮子京巴，便是这种潜意识自我印象与真实自我形象严重偏差的典型代表，它深受目击丧父的创伤、长大后仍深陷自我怀疑，连自己的倒影都能吓着自己。此般形象深刻地揭示了潜意识对个体的深远影响，也让我们更加意识到深入探寻潜意识奥秘的紧迫性与必要性。

《梦中潜意识：利用梦的力量　成为更好的自己》这本书，是作者 Imran Khawaja 博士和 Rizwan Shuja 先生基于临床经验与自我实践所著的非小说类自助书籍。它以独特的视角为我们展现了真实的自我意象与梦中自我意象，为我们理解潜意识提供了全新的路径。书中以“如何驾驭你的潜意识思维”为切入点，精心提供了一系列理论与工具，目的在于助力读者塑造属于自己的“梦中自我意象”，进而增强自尊心，提升自我效能，最终实现“让自己的理想生活梦想成真”的美好愿景。

在当今快节奏的社会中，人们常常在忙碌的生活中忽略了对内心世界的关照。而这本书的问世，无疑为我们提供了一次难得的自我探索与成长的机会。相信读者在阅读本书的过程中，将跟随作者的笔触和引领，深入睡眠潜意识的奇妙世界，逐步揭开潜意识的神秘面纱，发现那个潜藏在内心深处的真实自我，并学会运用书中的智慧和方法，驾驭潜意识思维，重塑自我意象，为实现理想生活注入强大的动力。

在此，也要向在本书翻译过程中给予作品和译者无私奉献、大力指导的刘卫东博士和王宜生主任表示衷心的敬意和感谢。正是有他们的共同努力，才能让这本蕴含深刻智慧的书籍能够以更加完美的姿态呈现在读者面前，为读者带来一场关于睡眠潜意识的知识盛宴，踏上一段自我认知与成长的奇妙旅程。愿每一位读者都能在《梦中潜意识：利用梦的力量　成为更好的自己》中找到属于自己的心灵启示，开启更加美好的人生篇章。

译者　夏寒松

2024 年 9 月 28 日

于上海．环球金融中心

代 序

在过去的25年里，我一直致力于在个人生活中创造卓越，并且为我的数千名客户创造相同的条件，重要的是、我所做的一切工作仍然处在最前沿。事实上、当今越来越多的人普遍对自己的生活和应该成为什么样的人感到不满意。其原因就是对本质上几乎不可持续的幸福进行永无止境的追求。在我的工作中，即在不同行业里改变生活的过程中，我发现幸福与自我意象息息相关。正是这种无形的自我意象力量，引导我们走向成功的幸福，并同样毁灭我们和他人的生活。在许多情况下，我们不知道如何改变这种自我意象，因为这与我们潜意识中的编码程序密切相关，在许多情况下，需要大量治疗和个人工作来改写。如果说你能在睡觉时用简单的技术重写编码，你会动心吗?

在他的《梦中自我意象的力量》书中，伊姆兰·赫瓦贾博士和他的兄弟里兹万·舒贾带领你踏上前所未有的旅程，去了解梦中自我意象中扮演的重要角色。令人着迷的是这个概念将如何服务和控制你的生活结局。未控制的潜意识对话会引导出对你生活不利的行为。哈瓦贾博士以一种非常易于阅读和可操作的方式解释了这些概念，因此任何人都可以利用这些技术。哈瓦贾博士的技术将帮助你掌控你的梦境，并且更有目的性地引导梦境，去持续建立你的自我意象。如果你曾经想成为一个更好的自己，或者如果你还没有实现你在生活中追求的目标，此书就是必读之书。

弗雷迪·贝因博士

慈善家、系列企业家、世界体操锦标赛选手、国际演说家、畅销书作家、成就专家、成功与商业教练。

www.FreddyBehin.com

序

睡眠，作为生命中不可或缺的一部分，一直以来都吸引着众多学者的研究目光。作为中国睡眠研究会理事长，我深知睡眠对于身心健康的重要性。当我们深入探索睡眠的奥秘时，《梦中潜意识：利用梦的力量 成为更好的自己》这本书犹如一盏明灯，为我们照亮了潜意识的神秘世界。这本书的出现，为我们理解睡眠中的潜意识提供了新的视角和方法。

作者 Imran Khawaja 博士和 Rizwan Shuja 先生通过总结临床经验并自我实践，撰写了这本非小说类自助书。他们以“如何驾驭你的潜意识思维”为切入点，为读者提供了丰富的理论和实用工具。通过塑造“梦中自我意象”，读者可以增强自尊心，提高自我效能，进而实现理想生活。

本书的译者夏寒松先生有着丰富的留学和工作经历。他在日本留学工作十年，先后在川崎医科大学、大阪市立大学研究生院、京都佛教大学研究生院深造，并在神经外科专门医培训机构积累了丰富的临床经验。回国后，他又获得了全科医生以及国家二级心理咨询师、日语高级口译上海市紧缺人才等资格。他的译著《颅底外科解剖入路》展现了他卓越的翻译水平。在这本《梦中潜意识：利用梦的力量 成为更好的自己》的翻译过程中，相信他也倾注了大量的心血，为读者呈现了一本高质量的译作。

本书的审译是长期从事睡眠临床研究和睡眠科普推广的留美博士吴少辉先生，他在美国从事睡眠医学工作多年，并在近几年，积极参与中美睡眠医学交流合作，在中国与三甲医院战略合作，开设了数家 DSG 国际睡眠诊疗中心，极大推进了中国睡眠医学的临床开展以及规范化和国际化，更在百忙中推荐这本著作，认真完成了本书的审译工作，吴博士在审译中产生的灵感，也为本书锦上添花。

在这个快节奏的现代社会中，我们常常忽略了睡眠的重要性，也很少有时间去探索潜意识的世界。这本书为我们提供了一个难得的机会，让我们在忙碌的生活中停下来，关注自己的睡眠和潜意识。它不仅是一本关于睡眠潜意识的指南，更是一本帮助我们实现自我成长和梦想的宝典。

什么是幸福，这是一个近来常常被提起的问题，我的回答是：白天有说有笑，晚上睡个好觉！我推荐这本书给每一位对睡眠、潜意识和自我成长感兴趣的读者。愿大家都能在阅读中找到属于自己的“梦中自我意象”，开启美好的人生之旅；祝福每一位读者都睡个好觉，生活幸福！

中国睡眠研究会理事长
亚洲睡眠医学会常务理事
Neurosci，Sleep Breath，Sleep Biol Rhythms 杂志（SCI）副主编
黄志力

我为什么要写这本书?

作为一名精神科医师和一名睡眠医学医师，我接受过精神动力学疗法和认知行为疗法的培训，工作中我见过成千上万的患者和来访者，他们都在与自己糟糕的自我意象和信仰体系而争斗。我意识到，人们只有完善自己的观点，否则他们就不会变得更好。随着他们逐渐变好，他们的梦才会改变，他们在梦中看待自己的方式也会改变。

在过去的 25 年里，我读过数百本关于成功和自我提升的书。这些书的作者包括：杰克・坎菲尔德、托尼・罗宾斯、布莱恩・特雷西、韦恩・戴尔、斯蒂芬・科维、鲍勃・普罗克托、约翰・凯霍、普赖斯・普里切特（Price Pritchett）等等更多的名字。

通过医学院、精神科住院医师和心理治疗的培训以及随后作为梅奥诊所睡眠医学的研究学者，我学到了很多关于精神障碍、睡眠障碍和人格组成的实质性知识，这使我能够理解和帮助我的患者。我相信，我有能力向非医学领域的大师们（如作家和演讲者）学习，并将我的医学和心理学的培训所得、与向大师们所学的知识相结合、方成就了自己的独特体验，其中也融合了扎实的医学知识与应用技术，不仅限于传统的开放思维。

我开始实践所学的技术并将这些介绍给我的兄弟里兹万·舒贾，他也加入了撰写本书的旅程。我们的生活结果发生了巨大的变化。我们参加了托尼·罗宾斯（Tony Robbins）和鲍勃·普罗克托（Bob Proctor）等许多成功人士的研讨会，并开始发展我们自己的哲学。我们开始在日常生活中实践，并且也与我们的客户一起使用这些哲学。

我想让你把这本书看作催化剂。你知道什么是催化剂吗？它是一种加速反应并在短时间内完成反应的东西。为了完成化学反应，你必须添加一些化学成分；你也可以添加催化剂以快速完成反应。这并不意味走捷径、而是要让反应过程更迅速。

我的目标就是让你成为下一个并且是更好的你，一个“崭新的你”。我们希望你成功。你必须做主要的工作，我相信你正在努力实现你的目标。这就是你需要这本书的原因。结果就是“你的成功”，不管它对你意味着什么。你必须启动连锁反应。成功的要素包括勤奋、诚实、坚韧、良好价值观以及其他诸多因素。本书所含的养分，将为你的工作成功添加激素（没有任何副作用），这将是你成功的巨大催化剂。

我会鼓励你跟随其他成功作者的著作，他们是我的导师和教练。我曾与他们中的一些人交谈过，如杰克·坎菲尔德、托尼·罗宾斯、约翰·凯霍、普莱斯·普里切特、韦恩·戴尔、布赖恩·特雷西、鲍勃·普罗克托、斯蒂芬·科维和约翰·阿萨拉夫。如果你遵循他们的哲学，你会成功，但是本书可以加速你的成功。

我的新书包括了总结章节，联合作者是我的兄弟里兹万·舒贾，他是一位企业家，他利用从这本书和其他作品中学到的哲学知识，将自己的业务扩大了三倍。我的兄弟加入了我的探索旅程并且共同前行，我们一直在不断完善这些技术和哲学，其结果非常惊人!

继续阅读其他哲学知识并应用它们，这或许是你加倍努力的秘密武器。相信我、一定是的。

我要感谢我的妻子、艾伊莎，孩子们、哈姆扎和艾琳娜，还有我的父母卡瓦哈·舒亚·乌丁和伊夫特·伊哈尔·舒亚，感谢他们一直支持我。还有我的兄弟，他是本书的合著者。

我还必须感谢我所有的患者和来访者，无论是在医疗实践中还是作为教练，他们让我用我学到的策略和技巧来帮助他们，这些策略和技巧在这本书中都有描述。最后，感谢我的经纪人桑迪和本书的编辑们，真是由于他们的帮助和努力，本书才变得深入浅出、通俗易懂。

伊姆兰·赫瓦贾

你为什么要读这本书?

本书是为生活在各个领域的人写的——先生，女士，年轻人，青少年，商人，教师，领导者——那些认为他们可以通过改善生活来进一步改善人生质量的智者。

本书也将有助于那些自卑的人，尽管我要提醒那些存在抑郁、焦虑、或者任何其他心理健康问题的人们都应该寻求专业帮助。

许多男人和女人不明白为什么他们会在生活中吸引那些施虐者或与他们陷入不健康关系。答案是就在他们的自我意象中。如果他们感觉自己不好，他们自然会觉得不值得拥有一个理想的伴侣，却以任何形式吸引虐待者。他们一辈子生活从一个人到另一个人，却没有意识到是他们自己的自我意象导致每次“选择错误的人”。一旦他们的自我意象发生变化，他们会在潜意识中自动画出“合适的人”，因为他们觉得“舒服”和“值得”。这就是“吸引力法则”。

本书将帮助你变成你生活中一直想要成为的人。再读一遍；这人就是你一直想成为的……

没错！你总是想做更多的或者成为更好的。你对自我发展和个人进步感兴趣。我怎么猜到的？好吧，我知道如果你正在阅读本书，你一定对自我提升感兴趣，对此我表示赞赏。记住，大多数人买书，只读书的一个章节，这就是为什么本书不到400页，而是只有120-140页的便携手册，所以你可以读完。当你读完时，你将对自己的自我意象有一个更深层次的了解。

你将成为一个“崭新的你”，就是最好的你。你的身份将会变化。当你看到自己有了新的身份，你的世界将会改变。

你不必相信我说的每一句话。自己阅读，边读边试，放松心情，你会越学越多。你读得越多，你就越能理解书中的观点和工具；理解得越多，就越能改变你的生活。

你可能读过很多其他作家的书，如斯蒂芬·科维、鲍勃·普罗克托、布赖恩·特雷西和托尼·罗宾斯。如果你读过本书，本书就会发挥出奇迹般的作用。前提是你必须读过其他成功作家的自助书籍，你不想读一个失败作家写的书。你一定已经意识到，所有这些成功作家都在谈论同样的事。他们的大部分哲学思想在某些方面都是相融相通的。

这项“梦中自我意象工作”将带上你为实现目标的所有努力一飞冲天。

但请记住，你必须遵循其他成功作家的哲学。如果那是你追寻的人生哲学，请继续努力培养“高效人士的七个习惯”，或遵循保持状态积极和关注所想目标的托尼·罗宾斯哲学。或者，继续恪守杰克·坎菲尔德的《成功原则》或者鲍勃·普罗克托的《你生来富有》中的思想。

本书旨在为这些成功哲学思想发挥补充作用。这与他们中的任何理论都不矛盾。如果你在实践这些想法，不久你就会写信给我，述说你是如何改变你真实的自我意象，从而永远地改变了你的生活。

你的自我意象就是一切，你无法逃避这个事实。如果你想更上一层楼，你则需要改善你的自我意象。如果你努力工作并希望达到新水平，你必须在征程中改变你的自我意象。

我在这里想告诉你：

“你不可能超越你的自我意象。”

你也许认为你只要通过视觉化及自我肯定就能改善自我意象和信仰体系，不过还是应该请那些接受过心理分析培训或作为治疗师工作的专业人士帮助以达到并改变你真正的潜意识本身。如何达到潜意识？你能在不塑造“潜意识的自我意象”的情况下触及你真实的自我意象吗？托尼·罗宾斯也谈到了人感受自己情感的咒语。梦中自我意象工作将把你与你的情感自我联系起来，因为你做梦时大脑是处在高度情感化状态的。

不久，你将开启探索征程来了解什么是睡眠，以及学习睡眠和梦境是如何帮助你重新掌控你的生活的，最重要的是，你的真实自我意象。

让我们开始吧……

引　言

“梦会告诉你、你在哪里？你要去哪里？还会揭示你的命运。”

——卡尔·荣格

你一定想知道梦中的自我意象是什么。是否能有更好的梦以及如梦一样地生活？如何利用睡眠过上更好的生活？从小时候开始，你的父母、老师、配偶和老板都会告诉你，“你必须努力工作，不要睡得太多”，如果你打盹，你就会失败”。而今天我们要说的，却与此完全相反。

为了打胜仗，士兵们会接受各种最困难的自律和意志力训练。他们被训练成可以剥夺自己的睡眠。士兵们被训练成睡眠剥夺状态，是因为他们可能不得不在晚上面对敌人。然而，问题是“当他们没有睡觉的时候，他们能发挥出最佳的战斗力吗？”这个问题的答案是明确的，不能！人不仅仅是喜欢睡觉；人需要睡眠是为了生存和发挥作用。《为成功而睡眠》的作者詹姆斯·马斯博士这样写道：

“睡眠不是奢侈品，而是必需品。”

有着数百个用来折磨战俘的睡眠剥夺案例，但是你想知道的应该是：优质睡眠如何改善你的生活并帮助你获得更大的成功。

本书不仅是一夜好眠的健康教育书，还向你展示睡眠如何促进你的健康、财富和成功。你将学会如何睡得更好。是的、你行！从今天起，你可以反驳“你打盹，就输了”这句老话！本书将告诉你，如何利用生命中三分之一的休息时间，扩充其余的三分之二时间。你会学到，在你睡觉期间，可以使你自己的体力、情感和精神恢复活力。你可以重新编程你的潜意识以达到成功的高度。

整个过程出人意料地简单。你将能够追寻思考进步的轨迹，量化自己的成就。也许你心存疑惑地在想，“我为什么要相信这个家伙？”嗯，首先，我是一个受过专业训练的精神科专家和睡眠医生。我帮助过数百名患者和客户。但更重要的是，我自己也用这个训练过程继续改善我自己和我周围其他人的生活。我的兄弟是一位企业家，他和我一起接受了这些训练，他的结果和我的一样令人惊讶。

事实证明，如果你相信它，它会对你有用。如果你不相信它，它将不会为你工作。这取决于你。你不妨相信它，因为它很快就会成为你的信念。

我最喜欢的作家韦恩·戴尔博士写道："相信它并且看到它。"

在我们开始之前，首先让我们了解为什么我们需要睡觉。为什么，即使经过了几百万年的进化，我们还需要吗？为什么睡眠没有被自然淘汰？答案是：睡眠不仅仅是你生活的一部分；也是你生活中必不可少的部分。除非你得到所需的充足量的睡眠，否则你就无法表现良好。睡眠医学领域的先驱之一艾伦·雷希茨哈芬（Allan Rechtschaffen）博士说：

"如果睡眠未能发挥绝对的生命功能，那么睡眠就是进化过程中犯下的最大错误。"

想想看，你一生中将近有 25 年的时间都在闭着眼睛度过，对周围环境视而不见、一无所知，在 REM（快速眼动）睡眠中梦境很生动，在 NREM（非快速眼动）睡眠中梦境却朦胧。想象一下，当我们的祖先过去住在山洞里时，在没有任何警卫的情况下，睡觉该是多么危险呀！

睡眠仅仅是像闭上眼睛休息那么简单吗？还是可以成为帮助你连接其他未知世界的工具？链接的是你自己还是你的潜意识？（的确，谈到睡眠的生物学功能则超出了本书的范畴。）

亚里士多德说：

“不可避免的是，每一个觉醒的生物也必须有睡觉的能力，因为它不可能永远持续活动。反之，任何动物也不可能一直在睡觉。”

托马斯·威利斯，是神经科学的先驱，是18世纪中期的一位科学实践者。他相信精神通过我们的神经系统流动，提供情感，并由灵魂产生。他还相信，人们快乐时精神饱满，如果出现淤堵，就会感到难过。对于困倦多睡者，他的处方是放血。（放血疗法是古代欧洲医生的一种治疗方法。译者注）

托马斯·爱迪生曾经告诉他的朋友，他讨厌贪睡者。他经常吹嘘自己睡得不多。尽管他会在白天小睡一会儿，如同充电小憩。通常在他不能解决难题时，就会去睡觉。他喜欢进入睡眠和清醒之间的暮色地带，尝试解决他的问题。我们称之为N1睡眠阶段。他会撑起肘部，手里拿着一个滚珠轴承。然后他开始入睡，他明白，一旦睡着、手下垂，滚珠轴承就会掉到地上发出一种声音叫醒他，这就是解决问题的最好时机。这只是一个例子，在这本书中你会学到很多。

许多成功人士已经实践过，利用睡眠进入了自己的创造区域，你也可以做到。关键是睡眠能让你深入潜意识思维。是的，潜意识思维是掌握着你生活中许多事情的关键。我们使用“潜意识”和“无意识”两个术语都是为了同一个目的。正如伟大的波斯诗人鲁米所说：

“我一直生活在精神错乱的边缘，想知道原因，敲打一扇门，最后门开了。我才知道我一直在从里面敲门。”

鲁米领悟到每个答案都来自内心。在我们的一生中，我们都试图从外部获得答案，但现实是，这些答案一直存在于我们的内心，获得答案的方法就是打开你的潜意识思维。没有什么比睡觉时更能窥见你的潜意识了。我们的答案就在自身里面，而睡眠就是关键。你可以进出你的潜意识思维和程序，实际上只要重新编程你自己，你就能得到你想要的。

那么，你准备好了吗？准备好进入你潜意识的旅程并且真正坐在潜意识的驾驶座上了吗？正如所有作者都在谈论如何管理你的潜意识一样，这个最有力。

“你的潜意识是主机（你的CPU），有意识的头脑

只是你桌面上的屏幕。”

——伊姆兰·赫瓦贾

在这本书中，你将了解到、为什么梦是通往潜意识的大门，为什么寻求真正持久的改变，你需要进入你的潜意识思维。

一些思想家认为，睡眠生活和清醒生活之间的区别变得模糊。12–13 世纪兴盛的南宋时期著名的国子监大学士李元绰（LI YUAN CHUO）说，既然梦境和觉醒意识在同一个人身上并存，那么两者之间必然存在某种联系。

在奥地利维也纳的西格蒙德·弗洛伊德博物馆里，有一张弗洛伊德名言的照片，上面写着：

“我现在正趁着在图书馆睡觉的时间，记下我的梦……”

——西格蒙德·弗洛伊德（1893）

所有成功人士都以这样或那样的方式巧用他们的睡眠。相信你也可以。

任何一个在生活中取得过有价值成就的人之所以能成功，都是因为他们能够使自己的意识与潜意识保持一致。也许他们不知道他们的潜意识思维被重新编程了或者是如何被重新编程的。但这恰恰是每本自助书所坚持的缘故。甚至高效人士的7个习惯也在谈论我们的潜意识思维是如何控制我们生活的。鲍勃·普罗克托谈到了潜意识能力，他举例说明了自己是如何改变的，而且想弄清楚究竟发生了什么。约翰·凯霍在他所有的书中都谈到了潜意识思维。

本书将给你一步一步的指导，告诉你什么是你的潜意识思维，如何克服不良的潜意识编程并且重新编程你的潜意识思维，并在你睡觉的时候进行运作。我知道你会询问，这本书是否属于那一类书籍，即带有下意识的信息而必须在睡觉时听。不完全如此。想要了解更多，请继续阅读。

要点集锦：

你的潜意识思维控制着你大部分的生活。你的自我意象是存在于潜意识之中。要改变你的自我意象，你必须深入你的潜意识，通过你的梦和睡眠就能方便进入。

行动呼吁：

1. 想象一下你的潜意识思维像什么。是原始能量吗？未经驯服的吗？想要知道你的潜意识，请记住你的潜意识思维是何时又如何帮助过你的。

2. 写下两次你收到问题答案的情况。当时你的潜意识在和你一起工作吗？

3. 开始把你的思维看作意识和潜意识两个主要部分。记住，潜意识思维要比有意识思维强大得多！

4. 想一想，是否有梦在你的生活中曾经帮助过你。

5. 写下一个带给你有价值信息的梦。

第一章
睡眠智能：潜意识思维在行动

“一个未被明释的梦，就像一封写给自己未读的信。”

——希伯来犹太法典（Rav Chisda，Brachot 55）

“相信你的潜意识。当你走出房间时，你基本都会这样做。你不会问自己，“我先迈哪条腿？”你做梦都想不到，你的潜意识思维比意识思维更强大。”

——托尼·罗宾斯

你的潜意识思维？那是什么？为什么一个多世纪来每个人都在谈论它？弗洛伊德创造了这个词，一个世纪后人们仍然延用这个词。

翻开任何关于自我修养的书，你发现这个词有不同的形式。有些人可能会称呼它潜意识、无意识，或者你的“真实思维”。每个人都在谈论它。想想看，我从未见过有人否认存在着某种隐藏在我们意识之外，但仍然影响我们生活和关系的东西。这是每个人都在谈论的，为了获得“真改变”而需要改变。“潜意识”这个词，常常出现在文学、电影、艺术中，也出现在许多作家或演说家的建议中。他们说他或她可以通过潜意识帮助你在生活中取得更大的成功或赚更多的钱。

谈论潜意识思维的人是数不胜数。我特别喜欢作家威廉·詹姆斯，他说：

“改变世界的力量来源于你的潜意识思维。”

谈论潜意识思维的成功作家：

每一位成功作家都会谈论潜意识思维。比如最近有，托尼·罗宾斯、斯蒂芬·科维、齐格·齐格勒、约翰·凯霍、普莱斯·普里切特、布赖恩·特雷西、杰克·坎菲尔德、鲍勃·普罗克托、约翰·阿萨拉夫，但如果你回顾过去，这个名单就更为瞩目。名单增加了拿破仑·希尔、吉姆·罗恩、弗洛伦斯·斯考维尔·辛、约瑟夫·墨菲等许多人。其中让我们不能忘记的是提到伟大的米尔顿·埃里克森，他是该领域最受尊敬的精神医学专家之一。他帮助了成千上万的人。他的学说和其他学者的一起成为 NLP（神经语言程序学）的基础。

潜意识的影响因素，部分历史回顾：

学习如何影响你的潜意识一直是催眠和 NLP 的中心主题。早在 20 世纪 70 和 80 年代，神经语言程序学就非常流行。至今仍被许多人使用。托尼·罗宾斯一直在使用此项技术。他经常催眠他的来访者人群以帮助他们解除生活中问题的通用编程。

当你阅读这一章关于潜意识的力量时，你会开始意识到你的思维这一方面是多么重要。想象一下，如果你有能力直接影响你的潜意识思维并与你的潜意识进行交流，什么才是你真正想要的，那是多么神奇。

你有两种生活，它们彼此平行运行。一个是有意识的，另一个是潜意识的。你想让它们和谐，你想让它们同步。

乔·维塔莱在他的书《钥匙》中谈到，为了实现我们的愿望，让我们的潜意识和有意识思维保持一致是多么的重要。

让我们看看一些激发了数百万人灵感的著名作家对“潜意识”的看法。

米尔顿·埃里克森：

在《我的声音将与你同行：米尔顿·埃里克森的教

学故事》一书中，西德尼·罗森引用埃里克森博士对他说的话：“你没有意识到，西德，你的大部分生活都是潜意识决定的。”西德尼·罗森后来这样反思：“当埃里克森对我说这句话时，当时我的反应与我的许多患者反应是一样的，因为我也对他们说了同样的话。我觉得他指的是我们的生活是预先有安排的，而我最大的希望是想了解潜意识模式是牢牢固定的。然而，之后我就懂了，潜意识并不一定是不可改变的。”

埃里克森认为，解决人类问题的办法在于人的内心，即潜意识思维。这是他著名的“利用”理论。在埃里克森看来，治疗仅仅是让患者意识到自己的力量和资源，就像埃里克森在与脊髓灰质炎的斗争中所经历的那样。

埃里克森认为，一个人的潜意识是一种积极力量，可以促进治愈过程。他相信，治疗师可以通过催眠调动患者潜意识的治愈能力。治疗师的作用不是给予患者领悟，而是利用患者的潜意识给他或她带来新的人际关系体验以求引导改变。在埃里克森看来，有意识的领悟并没有导致一个人改变行为。另一方面，他发现，与人的潜意识“对话”能非常有效地产生变化。

拿破仑·希尔：

在他的名著《思考与致富》中，拿破仑·希尔写道，“潜意识思维夜以继日地工作。汲取无限智慧形成力量，以此主动地将愿望转变成对应的物质形式。你不能完全控制你的潜意识思维，但你可以主动地将你的期待、计划以及希望转变成具体形式托付给它。潜意识思维会帮助你”。

在这一章后面，拿破仑写道：“潜意识思维不会闲荡着无所事事！如果你不能将愿望植入潜意识思维，它就会以你忽视的想法为食。”

此外，他还说：“对源于大脑推理部分的冲动影响而言，潜意识思维更容易受到‘感觉’或情绪混合思想冲动的影响。事实上，有很多证据支持只有情绪化的思想才会对潜意识思维产生影响的理论。”

这与你将要学习的方法相吻合。当我们做梦时，我们的思维处于强烈的情绪之中。大脑中被激活的部分位于情绪大脑中。如果你能影响这部分，它将影响你的潜意识思维。

梦是我们潜意识思维中的情感，它会受到我们梦的质量和类型的影响。基本要点是：你的梦、梦的质量以及其中的情感是点燃和控制你的潜意识思维、改善你的自我意象的燃料。

要点集锦：

睡眠和潜意识思维是相互关联的。在做梦的过程中，你可以进入你的潜意识思维。许多有灵性的人，用梦来获得领悟并提高他们的生活质量。像托马斯·爱迪生这样的科学家，就是利用睡眠来解决难题的。可以同步这两种平行的生活（潜意识和有意识），以及清醒和睡眠以获得最佳结果。

行动呼吁：

1. 与你的潜意识思维对话。写下你想从你的潜意识中得到什么，并寻找它是如何提供领悟的。

2. 对自己说，“我命令我的潜意识思维帮助我学习潜意识思维，并给我最好的利用方法”。

3. 有关潜意识的更多信息，请阅读约瑟夫·墨菲的《潜意识思维的力量》，该书在网上免费提供。

第二章
你必须了解的睡眠基础知识

"我爱睡觉。醒着的时候，我的生活就有崩溃的倾向，你知道吗？"

——欧内斯特·海明威

我们一生中有三分之一的时间在睡觉。这对我们的健康福祉至关重要。如果你不睡觉，身体很难正常工作，这毫无疑问。学习了解睡眠的基本知识，对于梦中自我意象的工作是有益处的。关于睡眠的研究正在不断发展，本章我们将介绍睡眠的基础知识。

睡眠有两种类型：

1. 非快速眼动（NREM）睡眠

2. 快速眼动（REM）睡眠

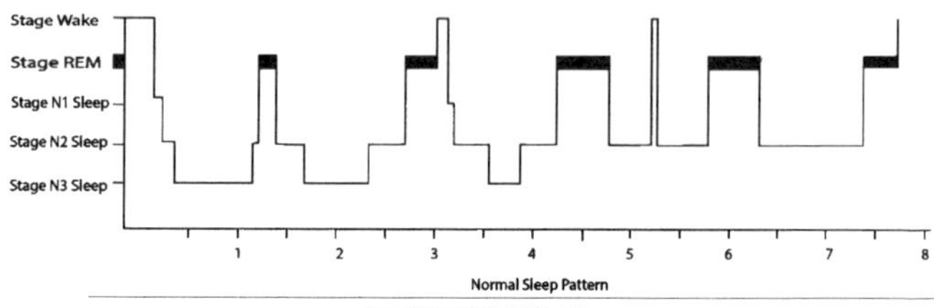

正常睡眠模式

图 1：催眠图（睡眠的图形表示），显示我们如何从觉醒阶段到 N1、N2、N3，然后进入快速眼动睡眠

您需要了解的关于非快速眼动睡眠的所有内容：

非快速眼动睡眠有三个阶段：N1、N2 和 N3。当一个人从清醒状态进入睡眠状态时，他或她会进入短暂的 N1 阶段睡眠。有些人称之为“过渡睡眠”。在这个阶段，你很容易被暗示也可以很容易催眠自己。你的大脑处于 8–13 赫兹的 α 波频率的入睡前状态。如果你闭上眼睛，这个阶段会有一个独特的表象。你开始有缓慢的眼球运动，不是快速的眼球运动，而是缓慢的滚动样眼球运动。在这部分睡眠中，人开始对外界刺激逐渐失去反应，虽然还可以被唤醒，但他或她与外部世界的联系开始变弱。

当人进入 N2 睡眠阶段时，他或她处于确切的睡眠状态。人的大脑显示出频率减慢，但也有一定的脑电图模式。N2 期睡眠特点明确、有睡眠纺锤波和 K 复合体出现，易于辨别。有关于睡眠纺锤波相关的理论，这里

只是提一提，已经超出了本书的范围。

下一个阶段是N3睡眠阶段，过去被称为“Delta睡眠”。人在这个阶段很难被唤醒，是当之无愧的深度睡眠。在此睡眠阶段中，脑电波减慢并显示出巨大的慢波型活动，也称为Delta波。

REM睡眠：所有睡眠阶段中最神秘的部分

Robby Greene博士，是我的一位同事和朋友，是睡眠方面的教授和研究者，他曾对我说，“我们真的还没有弄清楚REM到底是什么。”他的意思是说没有明确的神经生物学证据简单解释REM睡眠，但请不要担心，在REM睡眠阶段多见的梦真的存在、并有很多功能。

你将在接下来的几分钟学到。

我非常感谢我的导师汤姆·赫维茨博士和卡洛斯·申克博士，是他们让我对睡眠医学领域产生了兴趣，因为我越学习，越着迷。

REM（快速眼动）睡眠是我们大多数人着迷的睡眠阶段，是为什么呢？因为我们在这个睡眠阶段做梦或者至少我们还能记得我们的梦以及梦中的故事。在REM睡眠阶段，我们的梦生动、多彩并且充满情感。

你也会在非快速眼动睡眠中做一些梦，但是梦的质量是不同的。画面没有那么多彩。非快速眼动睡眠更多是思考形式。在非快速眼动睡眠阶段，你仍然在思考并能得到好主意。你知道，托马斯·爱迪生就是从非快速眼动睡眠中获得灵感，你也可以！

那么，我们的睡眠是什么样的？非快速眼动睡眠和快速眼动睡眠在这个过程中相互交替。当这种交替发生时，我们称之为“睡眠周期”。每晚你要经历 4–5 个睡眠周期。

在晚上刚刚入睡的早些时候，你有更多的 N3 睡眠。随着夜晚更深，你会有更多的快速眼动睡眠。在晚上早些时候难以醒来的原因之一是，你在 N3 阶段的睡眠惯性比较大。清晨我们容易醒来，是因为你可能进入了快速眼动睡眠。因此，你早上醒来时会想起你的梦。

我希望你记下你从睡梦中醒来的时间和感受以及那天的想法是好还是坏。你一定听说过，“清晨起床就心情不好”。在本书的后半部分，你将学习到通过管理睡眠状态来改变你的心态。

有很多关于为什么我们需要睡眠的理论，包括生物学理论、心理学理论和神学理论。大多数科学家认为睡眠有一定的功能。当然，即便得不到肯定的结论，我们的生活可以没有睡眠吗？不言而喻、我们不能。

那么再谈到梦呢？它们有什么功能吗？许多科学家的研究表明，快速眼动睡眠是如何调节情绪记忆的事实。弗洛伊德认为，梦具有心理学意义，并就此主题写了大量的文章。他将梦描述为“通往潜意识的皇家大道”。

后来的一位研究者，哈佛大学的艾伦·霍布森（Allan Hobson）曾将梦描述为“乱七八糟”的想法和“神经元放电”，但后来他自己也支持这样一种观点，即梦确实能给做梦者提供有用的信息。不是非此即彼，也可能两者兼而有之。你的感知就是你的现实。如果你相信它，它对你有用；如果你不想相信它，它对你无效。

我的观点是：“梦是为你的未来做准备。”这并不意味着梦能够告诉你的未来是什么，尽管一些研究表明，梦可以传递不可预知的信息。

卡莱尔·史密斯博士在他的书《抬头做梦》中详细论述了这一现象。我极力推荐此书。书中举例说明了，史密斯博士在生活中是如何利用自己的梦做出决定。

你的思维是能量，与过去相联。即使你觉得知道自己的未来，大脑如同一台巨大的计算机可以计算场景并考虑到我们没有意识到自己拥有的能力。其结果，大脑可以给你一个模糊的未来景象，特别是你请求帮助时。

“在梦中，人赤裸裸地显露自己和原生的苦难”

——阿尔弗雷德·莫里（法国心理学家）

无论你想什么，不管你是否记得，不管是有意识还是潜意识，它都会被录入你的大脑，而与你的大脑相连。当你进入快速眼动睡眠，你的大脑会组织这些想法并且呈现给你。等一下，为什么你的梦有时看起来很疯狂？为什么你在梦中能飞翔？这是因为大脑的逻辑思维关闭了。此外，大脑中确定身体位置的部分也关闭了。

要点集锦：

你已经学到会了睡眠的基本知识。生活中、我们不是醒着就是睡着。当你睡觉时，你要么处于非快速眼动睡眠，要么处于快速眼动睡眠。快速眼动和非快速眼动均属于不同类型的睡眠，尽管可能有重叠的部分。

像睡眠呼吸暂停等疾病会对睡眠产生干扰甚至导致严重的健康问题。

行动呼吁：

1. 当你从睡眠中醒来时，问问自己，“我刚才是在快速眼动睡眠还是在非快速眼动睡眠？”

2. 我是在快速眼动睡眠中做梦了吗？

3. 我的梦有情绪吗？有色彩吗？

4. 我的梦只是一种思维模式梦吗？

要想更详细地了解睡眠和睡眠障碍，请阅读我的朋友兼导师卡洛斯·申克博士的一本好书《睡眠：奥秘、问题和解决方案的突破性指南》，他发现了许多睡眠障碍，包括快速眼动行为障碍。

第三章
为什么利用睡眠和潜意识思维是关键

“成功的关键是在生活的各个方面不断成长——包括精神、情感、心灵和身体。”

——朱利叶斯·欧文

睡眠是你人生成功的关键。怎么可能？因为它为你的潜意识思维打开一扇窗。我相信，随着继续阅读，你会同意我的观点。你阅读得越多，你就会越加相信。

我们都需要身体、精神和心灵的健康。你无法否认。即使是不相信上帝的人，也相信他们的生活中需要一些灵性。

华莱士·沃特斯在他的名著《致富的科学》中写道:“你需要所有的能力：身体、精神和心灵。

睡眠有助于身体、精神和心灵的健康："睡眠是最好的冥想"

——佚名高僧

睡眠影响你生活的三个方面：身体、精神和心灵。如果你不睡觉，所有这些方面都会受到干扰。身体：睡眠不足会对身体机能产生不利影响。精神：睡眠越缺乏，逻辑思维越困难。心灵：睡眠剥夺会改变你与自然或更高能量的协调能力。

在许多宗教中，精神领袖都会快速清理自己的思维，并与更高的能量联系。当你剥夺自己的睡眠时，你能做到吗？绝对不能！

如果你睡眠不足，就会变得精神错乱，我的意思说简直就是精神病。大多数人都听说过彼得·特里普（Peter Tripp），这位纽约电台的名人，他参加了一项实验，保持了201个小时清醒状态的记录，但随后发生的事情，如果你感兴趣，可以在YouTube上的一部纪录片中看到。

当他的大脑进入快速眼动睡眠，他变得精神错乱，开始出现视觉幻影。在快速眼动睡眠中，我们会做梦。这是因为，他的快速眼动睡眠闯入并妨碍了他的清醒。他的妻子告诉参加实验的一位精神科医生，在那次睡眠剥夺事件后，他的性格发生了变化。

睡眠是如何满足我们的精神需求呢？正如你从上一个例子中发现的，当一个人变得精神错乱时，他的精神功能是古怪异常的。即使是少量的慢性睡眠剥夺也会使你处于不利地位，因为你的注意力和决策力都不在最佳状态。

阿里安娜·赫芬顿（Arianna Huffington），《茁壮成长》一书的作者，她对睡眠及其重要性有着深刻的理解，曾采访许多重视睡眠的名人，在《赫芬顿邮报》上设有专门的睡眠栏目。谈到“良好睡眠的秘诀是什么，为什么很重要？”她说：如果我提供科学文献中关于睡眠对身体健康重要性的所有证据，那将需要大量篇幅，但成千上万的研究表明，剥夺睡眠对一个人的身体健康有害。

睡眠涵盖了身体、精神和心灵的所有方面，华莱士·沃特斯在《致富科学》中谈到了这一点。但是今天你读我这本书的原因，是为了通过学习，如何让睡眠帮助你更成功，并且发挥你的全部潜力。你正在阅读本书，所以你能实现你的目标。你想在睡眠中重新规划自己，这样你就能在个人、职业和财务领域获得最高形式的成功。一个成功的人是在生活的所有这些领域里都克服了障碍的人。

一旦你学会了这本书中的基本概念，你就可以把它应用到你生活的所有领域，然后监控自己的进步。

我说到“重新编程”时，在此解释一下字面意思。自从我们来到这个世界，我们的一生都在被编程。你可能没有意识到这一点，因为这是你的潜意识在编程。那些你被告知的关于你自己的事；你的父母和你周围的人是如何互动；其他刺激也会成为你潜意识思维和样式的一部分。如果你的样式与你的潜意识想要的东西不同步，那就如同在向下的自动扶梯上往上爬。你向上迈几步，然后又退下。你甚至不知道为什么会这样。你虽然仍在努力，也看到周围的其他人在前行，而你却留在原地，你也累了。简单地说，爬楼梯更容易因为它至少不会把你往下推。

你的样式（潜意识信念）对此一切负责。一旦你在睡梦中改变了它们，醒来时，你就会发现自己登上了一个向上移动的自动扶梯上，你迈一步，它带你往上进四步。您将很容易地穿过许多楼层，并享受沿途的旅程。

请思考另一个例子，设想把人脑比作计算机。这个例子已经被许多人引用：你的有意识思维是你的计算机的一部分，你可以访问（显示器和桌面）。还有一个中央处理器（CPU），它更强大可以运行整个计算机。你的潜意识思维就像如此；它更强大，它负责你生活中的运行。它有助于掌控你的结果，你的收入和人际关系。你的大脑从出生时起就与环境相互作用。它已经把各地的信息编程都内化了。有些是好程序，但有些是病毒。在潜意识中，病毒是关于世界和你自己的坏想法。这些想法激活了一种对任何事情都无帮助的行为模式。

我的朋友，你正在运行你头脑中的计算机，你的程序中附带了许多病毒。这些病毒正在降低计算机的效率和效能。你甚至都不知道。你试图阅读积极的文献（可以认为这是一个抗病毒软件），但你并没有在你的潜意识思维深处运行它。这就像使用抗病毒软件，但没有计算机管理员权限。当你在不知道管理员帐户密码的情况下，运行抗病毒软件时，您只能清除一些表面病毒，但不能清除嵌入计算机硬盘深处的病毒。为此，您需要计算机管理员的权限。同样地，要想进入你的“真实自我”，即你的真实潜意识，唯一可行的方法就是进入你的睡眠，更具体地说，就是进入你的梦，正如弗洛伊德所言，梦是“通往潜意识的皇家大道”。

现在人们不再完全同意弗洛伊德所说的，但他让我们都知道有一种存在叫做潜意识。它在我们所有人身上运行，而且很难重新编程。

让我们回到影响你潜意识的精神病毒的概念。它们很难被察觉。但你可以从你正在产生的结果中推断出它们。如果你的结果很好，你的病毒就没有影响你，或者它们都被摧毁了。你必须保护你的电脑（大脑），并在睡觉时在大脑中运行抗病毒程序。是的，睡眠可以帮你做这些，但你需要知道怎么做。我打赌你现在觉得这更有趣。

我的生活和实践中有很多故事，这些故事可以帮助你理解潜意识思维如何帮助你的，下面我将与你分享这个故事。我的一个朋友苏珊打电话给我，因为她的母亲中风后病很重，医生已经把她送到临终关怀养老院，这意味着她没有长期存活的机会。苏珊的母亲无法吞咽，医生不想让她接受胃管鼻饲，因为有误吸的风险。医生们认为她没有任何康复的机会。苏珊不确定是否应该开始自己给母亲喂食。

苏珊想让我帮她决定是否应该开始给她母亲喂食。这个决定很难做出，因为很有可能会将食物误吸入肺部。另一方面，如果她不喂母亲，她不知母亲还能活多久。

我建议她在睡觉前，命令她的潜意识思维使她做出对母亲最好的决定。她按照我的建议做了，第二天醒来时，她觉得她“必须喂母亲”，她照做了。她母亲吞咽极其困难，但她开始吃一些半固体食物。一周后，苏珊打电话告诉我，医生要让她离开临终关怀院。两周后，苏珊的母亲出院回家，吞咽功能完全康复了。这只是潜意识思维如何给你“感觉或预感”的一个例子。

作为本章的结束，为了获得真正的幸福，你需要滋养你生活的三个方面，即身体、精神和心灵。通过睡眠滋养你的潜意识思维对这三个方面都很重要。

要点集锦：

睡眠为你的身体、精神和心灵自我提供营养。在这一点上已有广泛共识。你可以学习更好的睡眠来改善你的身体、精神和心灵健康。

行动呼吁：

1. 下一次你在购物中心，坐反方向的自动扶梯，看看去下一层楼有多困难。这就是如果你的潜意识与你的有意识生活不同步，你的精神生活就会发生什么的事。

2. 写下你在睡眠不足六小时的日子里的感受。你觉得神清气爽吗？

3. 如果你睡眠不足，你是否感觉与你的内在自我或你的更高存在有联系？

为了检查你是否感到神清气爽和警觉，请完成 Epworth 嗜睡评分。如果你的分数是 10 分或以上，那你就是睡眠不足，我的朋友。

同样，你也可以在 YouTube 上观看 Peter Tripp 的视频，这会让你清楚地了解睡眠不足是如何造成灾难的。

第四章
睡眠宛如一种独特的思维方式（上）

每一个梦都应该被认真对待，如同那些确实发生在我们身上的事情一样；梦应该被视为构建我们意识世界框架的一个重要因素。

——荣格

拉尔夫·沃尔多·爱默生说过："一个人就是他整天想象的模样。"

如果你读过任何自我修养的书，听过任何自我提升的CD或播客，其本质就是："你会成为你所想象的人。"这到底意味着什么？这是否意味着如果你选择了成功的想法，你就会成功？或者，如果你选择忽略不好的想法，你就不会在生活中吸引"坏东西"了？请注意，我使用了“选择”这个词，因为是否让这些想法占据你的头脑，是由你的决定。如果你有一个消极的想法在你的脑海里，它就会让你付出代价。

“不要让消极和有毒的人在你脑海里占一席之地。提高租金，把他们赶出去！”

——佚名

很明显，如果你让消极的想法进入你的头脑，你将为此付出代价。毫无疑问，我知道你不会反对这个观点！

如果我说，考虑积极的思想和想法并远离消极的思想，你会做得更好，对此你不会有异议。毫无疑问。当你睡觉的时候会怎样呢？

你的大脑永远不会停止思考。正如罗莎琳德·卡特赖特博士所说大脑在24小时工作。当然，有一些冥想的形式是可以让你的思想平静下来，即便如此，你的大脑仍然在思考。你每天有超过60000个想法，睡觉时还会有许多想法。清醒时，你可以控制你的思想（如果你学会了如何控制），但是当你在睡觉，对于你的思考无意识、不知道和未察觉的情况下，你将如何控制你的思想呢？

不要浪费25年的思考时间：

你花了25年的时间睡觉，在此期间你思考并做梦。你的思考会影响你的情绪和动机，但是对于那些思考是什么，你却毫无线索。

卡莱尔·史密斯博士是位于加拿大安大略省彼得伯勒市特伦特大学睡眠与梦研究实验室的荣誉心理学教授兼主任，也是《抬头做梦》一书的作者。在我与他的一次谈话中，他告诉我，他已经把睡梦中所获的信息运用于他的决策之中并且所获结果一直是积极的。

有时候，你对自己的梦有一些残留的记忆，但不知道如何去理解。梦会对你的情绪产生深远的影响；我知道我不必说服你。

即使是艾伦·霍布森博士，也不否认在梦中，有神经元放电并产生思想。即使是杂乱无章或者没有任何意义，但仍然是你的想法。或许有很多次、你陷入白日梦，突然又有什么东西把你从白日梦中唤醒。你会发现，刚才自己在思考而且也有意识。当你在睡觉，你的大部分思考是潜意识的，尽管你去寻找它，它会经常渗入你的有意识。

你一定听过也读过，“不要看负面新闻，当心负面东西被吸入到你的生活中。”这是因为你的潜意识总是从环境中吸收信息，如果你不注意的话，就等于是在给你的潜意识喂垃圾。

每当人们感到压力时，他们就开始专注于生活中不想要的东西。如果你专注于你的问题，问题会越来越大；如果专注于解决方案，你就会得到它们。

正如《百万富翁思想的秘密》的作者史蒂夫·哈维·埃克所说，“问题不在于大小，重要的是‘你’的大小。”伴随着梦的作用，“你”的大小在增大，你的问题在变小。

现在，让我们关注另一件事。我知道你相信，如果你管理好自己的想法并保持积极态度，它将对你的情绪产生积极影响，进而对你的行为和环境产生积极影响。这是针对焦虑和抑郁的认知行为疗法基本理念。这是一种认知重构。这种理论和手法有助于人们挑战每一种消极的想法。

托尼·罗宾斯说，你必须管理你的生理机能，他是对的。对于医生来说，这种说法可能让人困惑，（因为生理学是研究人体和器官的工作原理），但托尼·罗宾斯所说的是一个人必须管理自己的状态，即情绪。

思想影响你的情绪，而情绪反过来会影响你的表现以及行为举止的方式。

如果你继续用消极的想法思考，你会得到消极情绪，进而导致你感觉不好（处于不良振动）。你将对自己的期望很低并且吸引负面事件。

你可以管理自己的思想并且管理你的情绪（心态），继而这又可以帮助你管理自己的人生观和外在行为。你可以通过服用药物来“提升你的情绪”，这已帮助数百万人。另一种方法是，如果你管理好自己的有意识思想，你将过上更好的生活。同样的规则也适用于你的潜意识思想。

也许人们认为，当他们睡着的时候，他们只是“离线”并不认为是实时的，感觉他们与一切脱离了联系。的确，他们脱离了他们的环境，但是没有脱离他们自己的思维。相反，你与你的思维保持着联系并且进入了思维最强有力的部分，你的潜意识思维。

睡觉时，你实际上是用你的潜意识“在线”。你可以访问关于你自己、关于你的思维方式以及关于你的潜意识正在发生的更深层次的信息。

回想一下醒来时就“心情不好”的情景。也许你偶尔也有过这样的经历。我曾有过这样的经历，但自从我在睡觉前为自己的潜意识编程后，我就不再有如此经历了。我现在每天醒来都“神清气爽”，每天晚上做好梦的感觉真棒。我醒来就准备面对世界的挑战。为什么呢？让我告诉你原因所在。我在睡觉前撰写“幸福和成功的梦”的剧本。睡眠中我能更好地控制我的思维，这是我三分之一的生命。继而，这些伟大的梦境和思维给我很大帮助。

你刚刚了解到睡眠就是思考而且你的大脑在睡眠中很活跃。你在睡眠中进入更深层次的思想和想法。你在睡眠中能看到你内心的欲望、价值、希望和恐惧，你进入了自己的潜意识思维。

你在睡眠中所想的，对你的生活有着比你想象的更深远的影响。

你所做的思考是最纯粹的思考形式。这就是你的核心所在。就好像你可以打开一个壁橱，发现里面的镜子上映出你，那就是真实的自己。许多人害怕知道他们到底是谁或自己的能力究竟有多大。你是他们中的一员吗？如果你是，你可以继续维持现有的生活，也可以获得一些成功，但你不会理解为什么你没有得到你想要的。如果你准备好了潜入内心深处，你将看到那些宝藏（有好的和坏的），这可以为你提供打开你的幸运之门的钥匙。

一个强有力的问题

实话实说！想象你在思考某件事，比如用一个小时说一个问题或一个解决问题的方案。你是想得出一个结论，还是想至少谈及一下它的本质？或者你会说，“我不在乎，让我们忘掉吧。”

是与否

如果你的答案是想得出一个结论，那么你在快速眼动睡眠中度过的七年又会是怎样的呢？在这七年的时间里，你的大脑都在做梦，有各种思想、想法、恐惧和渴望。如果你不关心这七年的生活，你会错过很多。你会利用这段时间为自己谋利！

“一个未被明释的梦，就像一封写给自己未读的信。”

——希伯来犹太法典

它就像你潜意识中的自我，你的恐惧和渴望会在夜晚的梦中显现。有时候，出现的是你的恶魔。梦就像一面镜子，在黑暗中映现出你真实的自我。然而，黑暗中，你看不到自己的脸也看不到你自己。如果出现一束光，你偶尔会瞥见自己。在梦中，你看到你的内在自我，也只是在这儿或那儿的一瞥而已。你始终无法接近真实的自我。而你的梦就像黑暗中的阵阵手电光，让你看到了你自己，你真实的自我形象。

你的梦可以引导你。我记得还在亨内平县医疗中心（Hennepin County Medical Center）工作时，有幸被晋升为了明尼苏达州地区睡眠障碍医学中心的主任。该领域的一些先驱在那里工作。刚开始我觉得有些怀疑自己也就觉得不自在。和这个领域有一些杰出的大咖级研究人员在一起，我总觉得自己太年轻。一天晚上，我请我的潜意识思维帮助我克服这种自我怀疑。就在那天晚上，我梦见这些业内知名人士都非常认真地倾听我的想法并祝贺我“有所成就”。这个梦确实让我感到非常自信，从那天起，我再没有任何自我怀疑并把自己的工作中做得很好。

本书将介绍一些方法，让你更加一致地进入你自己的内心深处。你可以看见你自己的形象并且如果你不喜欢就去改变他。只有这样你才能改变你的生活，控制恶魔，它们在你的内心并阻碍你拥有自己想要的生活。

沃尔特·迪斯尼（Walt Disney）有句名言：“如果你能做梦，你就能做到。”他所指的“梦”就是当你醒来并且有真正欲望时的意思。如果你梦想能够打破自己头上那玻璃天花板一样的屏障，你最有可能。这种感觉来自你的核心，是你的潜意识思维。

这一切都在你的脑海里。

“对于那些无法自控的人来说，大脑就像敌人一样在工作”

——吉塔

在你说“嗯！我应该开始使用我的睡眠思维”之前，很重要的是了解那些著名作家、作者和发明家是如何使用睡眠以及如何通过睡眠得到帮助的。第六章讲述的是人们如何利用睡眠和做梦来获得成功。敬请期待；你也可能成为一个获得巨大成功的人。

要点集锦：

你一直在思考。不管你是醒着还是睡着，这都无关紧要。睡眠思考是神圣的，珍惜它，因为它可能给你的生活带来财富。

行动呼吁：

1. 从今天起启动你的睡眠思考日记。

2. 重视在睡眠中出现的想法，并将其记录下来。

3. 花点时间思考一下你睡觉时发生的事情。

4. 写一本梦日记（更多信息将在接下来的几章中提供）。

第五章
睡眠宛如一种独特的思维方式（下）

快速眼动（REM）睡眠：
独特的景色

“梦是许多插图……来自关于书写你灵魂的书中。”

——玛莎·诺曼，占卜师

梦被认为是来自神的信息或者被贬之为你睡眠中的大脑向你的意识中投射的随机幻觉。有些文化将梦视为神圣的，但即使没有，也把它们当成预感。

许多心理学家、科学家和研究人员对做梦有不同的观点。亚里士多德认为梦是由我们受损的大脑形成的，柏拉图认为梦是理性崩溃的令人恐惧的产物。

我认为梦是我们自己思维的产物而且有一定价值。我同意大卫卡恩（David Kahn）和兹维亚古沃尔（Tzivia Gover）的观点，他们写的是关于梦中的意识。

我相信 REM 睡眠状态是一种独特的思维状态，可以为那些希望从中学习的人增加价值。

卡恩鼓励我们不要把梦放在神秘的基座上，也不要把梦看作是思考的一种缺陷形式，而是把梦理解为意识的替代形式和思考的不同形式。

我们现在知道，做梦时我们的大脑与清醒时的不同。也许，脑电图（electroencephalography，即大脑的电活动）看起来与清醒时的差不多，但是有区别。的确，在这两种状态下你都在思考而且你大脑的新陈代谢都非常活跃。

在快速眼动睡眠期间，大脑的某些部分被停用。例如，背外侧前额叶皮质（DLPRC）和顶叶的楔前叶被停用。这就是为什么你可以梦到奇怪的事，做奇怪的事，相信奇怪的事，体验超自然事件的原因。例如，你可以走进一堵墙，然后从另外一边出来。你也可以跳下悬崖，突然发现自己在客厅里。有时你甚至没有意识到你在床上几乎瘫痪了，除了你的横膈膜和眼部肌肉在动。（此外，男性在快速眼动睡眠期间会勃起）。关闭了背侧前额叶皮层就关闭了你的逻辑思考，而抑制顶叶区域就会让你对周围环境和实际定位浑然不知。

有人可能会说，我们的大脑在快速眼动睡眠中并没有全速运转，并将这种现象视为“思维缺陷”，但卡恩和古沃尔鼓励我们将快速眼动睡眠视为一种“独特”的思考形式。

思想始于我们的一般态度、冲动和来自大脑活动的记忆。梦也是这样的，尽管有存在很大的不同。在清醒状态下思考时，我们几乎总是被声音、其他人、电子设备以及其他任何东西分心。正如我之前提到的，即使我们的大脑每天有大约60,000个想法，我们清醒时的思维通常是还是相同的。

当我们做梦的时候，想法可以是纯粹关于我们的，而不是被其他刺激所分散、受外界影响的。想法可以通过大脑的过滤，大脑自动寻找这些想法之间的联系。大脑让我们用生动的图像，有时是美丽或奇异的场景重温视觉和情感的创伤。

一些研究人员认为，我们体内发生的事情会影响我们的梦。例如，如果我们在睡觉时有尿意，我们可能会做一个正在找厕所却找不到的梦。

以色列著名的睡眠研究家佩雷兹拉维（Peretz Lavie）博士告诉我，他的一项研究没有表明身体刺激会影响梦的内容，不过这只是他所说的一项研究。在他的一项研究中，拉维博士发现，做噩梦的大屠杀幸存者，与那些不记得自己的梦但睡得好的人相比，适应社会的能力更差。

你的潜意识自我意象是如何形成的?

你的自我意象，就是你独坐思考自己时对自己的想象和思考。你的自我意象可能并不总是一样的。你有一个自我意象，但还有另一个不同的“真实”的自我意象。你的真实自我意象是隐藏在你潜意识层次后面。你在任何努力中的成功都不会超过你对自己的意象。也就是说，你不可能超越你的自我意象。

你的梦中意象，如同作家卡恩和格罗弗所述，非常接近你隐藏的真实自我意象。根据2002年《活写心灵》的作者琳达·梅特卡夫所述，意识是个人的自身意象、是内在听觉表象、感受、信念、观点、假设、态度以及思想和感觉的结合。这种感受、思想和态度的结合告诉你，你是谁并且帮助你定义自己。

现在，当你睡觉的时候想想你自己。你思考自己的方式，你拥有的想法和信念，你经历的感受，这些有时与你清醒时的不同。这是你隐藏的自我意象而你常常没有意识到。

你从清醒到入眠的潜意识变化，与大脑中生化和动态水平的变化是平行的。入睡时，我们开始失去对周围环境的感知。这段时间，你的有意识的抵抗力降低，是你最容易被暗示的时候。

在 NERM 睡眠期间，与神经元活动相关的大脑能量代谢和血流减少。在深度非快速眼动睡眠期间，大脑有些不活动，尽管无论是在睡眠还是清醒，大脑总是在活动。当你进入称之为“异相睡眠”的 REM 睡眠时，大脑代谢活动会增加。然而，大脑中某些区域有选择性地激活和失活。通过改变我们的短期自传体记忆回顾和改变我们对在生活中之前学到信息的整合方式，这种选择性记忆和失活会影响做梦过程。大脑边缘区和边缘旁区的激活在产生情绪方面很重要。同样被激活的还有内侧前额叶皮质，这被认为与人的内部动机行为有关。这方面的例子是行为产生于我们对自己和他人想象中非真实行为的想法或感觉。

同时，大脑中对执行功能非常重要的区域和用来定位我们自己身体的区域被选择性地激活。这意味着阻挡潜意识的过滤被移除。因此，我们不必有意识地控制我们的感觉或视觉意象，但我们仍然有着内在动机的情绪和感觉。

我们意识思维的内容是通过一个独特的有着改变睡眠的大脑过滤。所以，我们的梦就是我们真正担心的、想象的以及我们思考的，没有经过分散或我们有意识的思考。换言之，梦就是在梦中你通过自我组织过程获得的自我意象，无需你有意识思维的大量输入或指导。

在我与世界著名的梦研究家罗莎琳德·卡特赖特博士的谈话中，这被多次提及。卡特赖特博士认为，我们通过做梦来处理情绪和冲突。当我们通过不同的REM期，我们的情绪就会更加放松。情绪是我们自我意象的一部分，随着夜晚继续，自我意象也趋于改善。

事实上，快速眼动睡眠是一种不同的思考方式。这是因为存在着神经化学和大脑活动的变化。快速眼动睡眠是自由浮动的，没有限制，而且神奇的丰富多彩。我们睡眠大脑所创造的意象有助于我们了解自身隐藏着的潜意识本身，如果反映出来将非常有价值。

要点集锦：

REM 睡眠是一种独特的思考方式。你的潜意识思维正在向你表达自己。现在，我们知道，科学已经发现大脑中发生了什么神经化学变化，但是梦就是为了你，依靠你，并且依靠你的潜意识思维。

行动呼吁：

1. 醒来时回顾你的梦。
2. 评估你是否对自我感到“自在”。
3. 你对梦中自我的哪一部分感到不舒服？
4. 你想在梦中自我看到什么？

第六章
许多成功人士都在睡梦中发现了什么

“我上床睡觉并聆听那些卡带，用来调理我的思维相信我能成功，并将能量注入我的身体。”

——托尼·罗宾斯（在访谈时）

这是安东尼·罗宾斯几年前接受采访时谈到的。你可以在网上查到。他说他用睡眠来调理思维。你也可以！托尼·罗宾斯（Tony Robbins）的哲学是你必须调理自己保持“巅峰状态”，意指你有“势不可挡”的感觉。

托尼·罗宾斯还教授造模工艺。向他人学习。在此我们就有向伟人学习伟大课程的机会，他们利用睡眠为自己和社会谋福利。

造模是一种已知的现象。你不必重新开发。只要跟随别人做过的以及成功过的就行，你会成功。模仿他们在不同情况下的行为和策略，这是成功文献中最常见的主题之一。你可以在博恩·崔西（Brian Tracey）的书中找到，还有安东尼·罗宾斯、杰克·坎菲尔德、鲍勃·普罗克托和等其他许多人士，他们都已帮助过数百万人。

这些人都言行一致。他们体现着成功。看看韦恩·戴尔（Wayne Dyer），他写了自己的第一本书，还驾车到各个海岸去推销。他知道，这将会成功，他不接受失败。

在本章中，您将了解到有名的并且成功的人士如何利用睡眠。请仔细阅读，因为其中任何一个故事都可能给你灵感，让你摆脱平庸的引力。本章中你将了解到许多利用睡眠来强化成功策略的人。你将看到一些案例，成功人士如何在睡眠中调理他们的思维，与他们的潜意识思维交流以获取好主意，并为他们的成功打开新视野。

塞缪尔·泰勒·柯勒律治（Samuel Taylor Coleridge）的报告说，他壮丽的诗歌“忽必烈汗”的大部分是在睡梦中创作的。是不是这回事？

罗伯特·刘易斯·史蒂文森（Robert Lewis Stevenson）能够将梦作为创作能量设计了杰基尔博士和海德先生（化身博士）的故事情节。他声称，大部分的

故事素材是在他睡觉的时候并在“小精灵”的帮助下创作的。（史蒂文森 1892）

我刚刚在一个博览会上听了托尼·罗宾斯做的演讲。他真了不起。他在宣讲实现艺术时，把成功科学发挥到了极限。

罗宾斯不主张一个人应该睡很长时间。事实上，他睡的时间并不长。他有一套独特的作息方式，每天遵守执行，但在他的一个视频中，分享了他利用睡眠的学习技术。

鲍勃·普罗克托在与我的一次谈话中，分享了人们试图在睡眠中学习的一些实验。

让我们谈谈拿破仑·希尔，他激励了数百万人。他说他的畅销书《思考与致富》的书名是在他睡觉的时候出现的。他在一次研讨会上讲述了这个故事，内容如下：

“当我写《思考与致富》时，最初的标题是《走向财富的 13 步》。我的出版商知道后说，这不是一个票房标题；而且刺激我说，我们需要一个百万美元的标题。之后我写了 500–600 个标题，但没有一个是如意的。因此，有一天他打电话吓唬我。他说“好吧，如果明天早上我还没有得到标题书名，我会用我喜欢的任何标题来命名。”我对他说，“不行，这是一本有尊严的书，我不能随便使用标题。”他说，“好吧，我将决定标题，用不用随你。

希尔还说：“我想听听它（潜意识思维）怎么说，因为它非常强大而且是思想的食粮。……那天晚上我进屋，坐在床上和我的潜意识交谈。……我说“嘿，听我说，我的潜意识，我们一起走了很长的一段路，你为我做了很多事情，但我急需一个百万美元的标题，今晚我必须要有。你明白吗？能帮帮我吗？”我说话声音很大以至于邻居开始敲我的房门。我给我的潜意识下了一个强烈的指令。我给它充电；我知道它会产生我想要的东西。这是一个心理时刻。我上床睡觉，大约夜里两点钟，好像有人把我摇醒。我从睡梦中醒来，脑海中浮现出“思考与致富”。我马上打电话给出版商并且告诉他，我有了一个2,300万美元的标题。

“问题是为什么我以前没用它？为什么有那么多次直到必要时我们才会这么去做。

希尔的故事说明，成功人士在睡觉时进入潜意识思维并且已得帮助了。拿破仑·希尔醒来时的睡眠类型很可能是非快速眼动睡眠，因为他没有描述出一个丰富多彩的情感梦。他的描述只是在脑海的屏幕上看到了标题。

你的大脑一直在工作。为什么不去驾驭潜意识力量呢？！几位科学家已经做到了，我们一起来看几位。

德国化学家凯库勒（FREDERICK AUGUST KEKULE

VON STRANDONITZ)。

凯库勒讲了一个故事，一个非同凡响的想法是如何出现在他的梦中。凯库勒试图找出苯的分子结构但几乎没有成功。一天晚上他睡着了，梦中看到分子在跳舞，其中一些如同蛇的形态。其中一条蛇扭着尾巴转过身形成了一个圈。这就是环状苯结构！犹如一道闪电出现，凯库勒在睡眠状态下意识到，他发现了苯的环状结构。

他后来说："先生们，学着做梦吧，之后我们也许会发现真相。"然而，我们必须小心，未经清醒大脑验证之前，不要发表我们的梦。

物理学家尼尔斯·波尔

尼尔斯·波尔梦见，在一个由燃烧的气体组成的太阳上，由线连接的行星围绕着太阳旋转。正是这个梦，他悟出了：太阳表示一个固定的原子核，电子围绕着原子核旋转。这使波尔想出一种新的原子模型，它成为现代物理学的一个重要基础。

奥托·勒维

诺贝尔奖获得者奥托·勒维在一次梦中得到的灵感是：身体的化学物质促使神经冲动。

埃利亚斯·豪

缝纫机的发明者埃利亚斯·豪（Elias Howe）也正因为一个梦，得以完善他的缝纫机发明。正在苦苦思索应该把缝纫机针头上的线放在哪里的埃利亚斯·豪，在工作台上睡了一觉之后答案就出现了。

根据他梦中的一段描述，他在丛林中，躲避食人族。尽管他努力的逃避，还是被当地人抓住，食人族把他绑起来，用杆子抬着。他们把他扔进一个盛满水的大铁锅里并在锅下面点火来煮他。

当水开始升温时，他觉得绳子松了足以让他活动手脚。然而，每次他想从锅里出来，当地人就用长矛把他戳回到锅中。

当他醒来，分析了这个梦。“真奇怪，那些长矛尖端都有孔，矛尖上有孔！这就是答案！”他意识到制作缝纫机的诀窍是将送线孔移动到针尖（而不是将针孔放在针尾。）

此后，设计齿轮系统是个简单的事情，用针带线刺破几层布，缠绕第二根线，然后再次将其向上拉出，所有这些都非常整洁高效。

随着缝纫机的发明，服装机械生产的最后一道障碍被克服。这个梦引导了一次工业革命。

但是你看，这个梦是在埃利亚斯·豪分析并思考之后才对他有所帮助。他的梦不但反映他的发明正在“吞噬”他，而且也给他一个极好的解决方案。

所有这些例子都告诉我们，当我们做梦的时候，会有一些特别的事情发生。有些人认为，这真的是一种神秘的和精神的力量，将我们与他人联系起来。不管是真是假，我们都能接触到清醒时所没有的东西。如果你想改变你的生活，你必须关注你的梦。

正如这位诺贝尔奖获得者、生物化学家所说：“当我离开工作台时，我的工作还没有完成，我继续思考我的问题，我的大脑在我睡觉时也在继续思考这些问题，因为我醒来时发现，一直困扰我的问题在醒来时有了答案。”

清醒时经过大量思考，梦中境解决方案效果最佳。

许多其他价值百万美元的创意，如耐克鞋、防弹背心和爱因斯坦的相对论都是出现在梦中。

回想一下，你自己可能也做过一些自己的坏梦，从中也许没有得到任何领悟。这不是你的错。那时你还没有读过这本书。

不要忽视你的梦。它们是你思维的产物。如果你重视你的思维和思考，你就应该关注你的梦。梦是强大的。如果你忽视你的梦，悲惨到没有关注多年的思考积累。你在浪费你生命中三分之一的思考成果。所以，请继续阅读。以下是本章的一些想法和建议。

要点集锦：

梦是有意义的。它们来自你的潜意识思维并且给你领悟。梦境领悟对你有潜在的积极影响，因为它是你灵魂的产物。

不要忽视你的梦。思考你的梦，整理它们，记住它们，然后回顾它们，把点点滴滴联系起来。

记住一位诺贝尔奖获得者所说的："在清醒状态下充分思考之后，梦境解决方案最有效。"

行动呼吁：

1. 买一本梦的日记本。
2. 开始记录梦旅行中你的梦。

第七章
梦中自我意象的工作：实践步骤

“是从这第二种思维中，我们可以获得宝贵的指导和方向。通过我们的直觉、梦想、体感和预感，我们的潜意识将为我们带来能够满足我们所有需求和愿望所必须需的想法、领悟和解决方案。一旦我们唤醒了这种内在潜能，我们就不会孤独。”

——约翰·凯霍

你正在踏上一段旅程，这将为你打开许多大门。爱默生曾经说过：“每堵墙都是一扇门。”如果你想要，你可以随时为自己创造一扇门，关键是你要有继续前进的意愿。如果没有某种自制力或仪式，则寸步难行。

演讲教练兼作家阿瑟·约瑟夫说：“我从未见过一位

运动员取得了伟大成就，而没有属于自己的仪式。”

没错，为了能够在生活中取得伟大成就，人可以通过不断地做某事来获益，直到成功成为一种有条件的活动。想想我们星球上的所有信仰。每一种宗教和信仰都在鼓励一种仪式。这不仅仅是一种仪式，也是提醒我们去执行这些仪式。

有些宗教有日常仪式，有些则不那么频繁。所有这些仪式都有一个共同点：存在着提醒人们执行这些仪式的机制，并且牢记他们的最终目的。

“这是为了保持我们的生理机能。”再次提醒，如果你是一名医生，你可能会认为生理机能是“身体器官的工作”，但这里我指的是情绪和身体状态。某种宗教仪式可能让你保持感激或谦卑的状态。

根据托尼·罗宾斯的说法，我们需要时刻管理自己的情绪状态，但是人们并不经常这样做。当他们无法管理自己情绪的时候，他们可能会陷入抑郁、沮丧或无助的状态（抑郁是一种后天习得的无助状态）。

鲍勃·普罗克托认为，你必须“塑造自己的意象”。在他的书《你天生富有》和辅导计划中，详细介绍了如何培养你的“理想自我意象”。

杰克·坎菲尔德（Jack Canfield）在《成功原则》题为“松开刹车”的章节中也谈到这个观点，“成功人士们已经发现，与其用增强意志力来推动自己的成功引擎，不如更简易地“松开刹车”，即，放开并取代局限性信念，改变自我意象，释放诸如恐惧、怨恨、愤怒、内疚和羞耻等负面情绪。”

成功人士在意识层面上管理自我意象，如果他们能够管理真正的潜意识中的自我意象，就会更加成功。

成功人士提醒自己要保持良好的心态。他们能够对自己说“哦，我的天哪！我已经陷入了一种情绪低落的螺旋式下降趋势。也许我应该做点什么，”但很多人都没有做！

对于我和我兄弟来说，我们读过很多书并且听过了很多磁带书。当我的生理机能下降时，我抓住它，我的情绪会自动恢复。睡觉前我有一些仪式。我的睡眠会提供保持积极心态的成分。我一直保持动力。我有热情并且掌控它——这就是吉姆·罗恩所说的“掌控的热情”。

睡眠是你每天晚上都要做的事。它是可预测的、有规律的可持续。你可以相信。如果你把一些仪式融入到自己的睡眠中，你可以每晚与真实的自我进行交流。

你将学习如何利用睡眠来改善你的心态，保持最佳状态，并且感觉更好。在接下来的几章中，我们将讨论改变生活，很简单，在睡觉前做预编程或给大脑开个处方。以下是工作示意图：

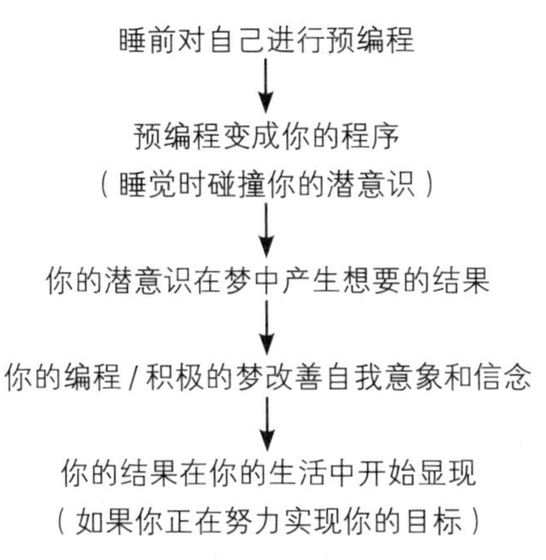

图 2：流程图

改变你的情绪状态水平是重要的。我们需要能够一直保持情绪状态，即使在睡觉的时候。

睡眠是一个机会，为了在生活中各个领域获得成功，你可以每天晚上利用 6–8 小时为自己编程。为使之发挥作用，重要的是在入睡前以及半夜醒来时，比如起夜上厕所后，你都要遵从一个仪式。

在此状态下，你可以对自己的潜意识发挥积极影响。但不要过度兴奋，否则你可能难以入睡。你要让自己处于放松状态同时感到积极和自信。

梦是给你动力的一种方式。史蒂文·普雷斯菲尔德（Steven Pressfield）在他的经典作品《艺术之战》（The War of Art）中引用了一个关于“卡罗尔”（Carol）的故事，她在梦中发现她的生活失去了控制。

“她是公共汽车上的一名乘客。布鲁斯·斯普林斯汀正在开车。突然，斯普林斯汀把车停在路边，把钥匙递给卡罗尔，然后跑开了。在梦中，卡罗尔惊慌失措。她怎么能开这巨大的灰狗巴士呢？此时所有的乘客都盯着她看。显然，没有其他人会站出来负责。卡罗尔开起了车。令她惊讶的是，她发现自己能够应付这一切。”

后来分析此梦时，卡罗尔认为布鲁斯·斯普林斯汀是“老板”，她的心灵老板。公共汽车是她一生的交通工具。老板告诉卡罗尔是开车的时候啦。更重要的是，这个梦为她准备上路提供了模拟驾驶，她真实地坐在驾驶座上并且让她感觉到自己能驾车上路。这个梦给了她信心，她确实能够掌控自己的生活。

这样的梦是实实在在的支持。这是一张你独自坐下来工作时可以兑现的支票。”

普雷斯菲尔德还写道：“当你更深层次地自我驱动如此梦想时，不用告诉别人，不要稀释此力量。这个梦是为你和你的缪斯而设的。闭好嘴，好好享用它。”

要点集锦：

自我意象是一个人成功的关键。你在梦中有一个潜意识的自我意象，其目标是改善你的潜意识自我意象。

行动呼吁：

1. 复制示意图2，并将其放在每天都能看到的地方。

2. 白天任何时间都可以预编程。保持专注，不要让任何负面的形象或想法对你产生负面影响，否则，你的梦将是负面的。

3. 对自己说出这句话："我命令我的潜意识思维专注于积极的一面，总是给我一个积极的自我形象，即使在梦中。"

4. 睡前对自己说："我对潜意识进行编程，使其在睡眠中产生积极的效果。"

第八章

谁是你梦中的观察者？是你吗？你的梦日记可以帮你找到答案

梦想变成现实的行动。行动再次催生梦想，这种相互依存产生最高形式的生活。

——阿奈斯·宁（作家）

这句话有很多含义。你可以把梦想象成“我梦想成功”，也可以理解为我在本书中解释的哲学。

如果你没有写下睡觉期间或睡觉前后发生的事，你将无法注意到自己的变化。你越是意识到自己的感觉、状态和自我意象发生的变化，你的结果将会变化得越具有戏剧性。看起来自动的东西确实是对你的目标采取了“大规模行动”。你会意识到自己的欲望，并提醒自己保持积极的频率。

理解你的情绪状态的另一种方式是把它看作你的振动或频率。为了改变你的情绪状态，你需要积极的振动。它们不是一直都在。即使您在睡觉或醒着，您也可以分辨出它们何时出现差异。

目标是让我们自己保持积极的振动。睡眠是一种我们有感觉但无法控制的状态。

你的大脑在不同类型的睡眠期间发出特定的频率。例如，当频率在alpha范围内时，它更容易接受建议。似乎它与潜意识有着直接的联系。

我在重复自己，但重复是学习之母。睡眠中的大脑的前额叶皮层部分相对关闭，尤其是在做梦的时候。这就是为什么在梦中你可以穿墙而过，可以做一些有意识状态下不可能完成的事情，比如前一分钟还在英国，后一分钟就回到在美国的家里。梦研究揭示的是，看似不可能的事变成了可能。这反过来可以帮助你意识到，你有比你可能相信的更多的自由和选择。如果你继续拥有自信和成功的梦，你的思维将坚定地推动你。

你梦中的自我意象帮助你相信自己。随着你梦中的自我意象变得更加积极，你对自己的信念也会变得更加积极。这将给你更多的信心去承担生活中的风险。

为了能够准确地处理你的梦中自我意象，你必须能够记录你的梦。有很多种方法，但我喜欢我们即将提出的方法。

在本章中，你将学习一些记忆、记录和分析梦的基本技术。许多专家已经开发出一些技术来记录梦，因为梦可以稍纵即逝。

梦如同想法，除非被记录下来，否则会很快飞走。正如鲍勃·普罗克托在他的研讨会上常常说的那样：

“想法就像滑溜的鱼，除非你用笔钉住它们，否则就会溜走，再也不会回来。”

整个练习的目的在于提高你的梦意识，这样你就可以观察到自己的“梦中自我意象”。

在后面的一章中，你将学习如何改变和提高你做梦的质量，但现在，让我们把重点放在学习更多的梦中意识上。

最终，你不仅仅想改变你的梦境，而且要想改变你梦中的角色，也许包括你自己。

这很有趣，因为你能够在没有任何治疗师或药物的情况下定期探索你的潜意识深处。

请注意本书的说明。也请反复阅读本章，因为如果正确学习了这些步骤，它将给你带来一个了解自己内心深处的机会。

这些想法似乎简单，但所有这些练习的效果是深远的。你可以改变你的个性。你的梦反映了你的心情、恐惧和渴望。

关键说明：在任何阶段都不要强迫自己

梦中自我意象不是一个线性过程。有些日子，你成功得到你想要的。你记得你的梦，但其他晚上，你没有任何线索。随着练习，它将会越来越容易。

在梦中记住你的梦、你的形象、你的感觉和你的关系，这应该是一种愉快的经历。记忆和塑造自我意象的新技能可以让你更容易接触到隐藏的能量储存（你的潜意识思维）。

醒来时想起你的梦，记住你的梦

梦包含关于你的潜意识以及你与他人如何相处的最真相。因此，记录这些梦是很重要的。梦会渐渐消失，没有人知道为什么，尽管有理论认为某些神经递质在梦中处于不活跃状态，而这些神经递质对巩固记忆却至关重要。”

“梦会消逝，生活也如此。”

——瑜伽师

步骤如下：

第一步：写一本梦日记——你梦中生活的圣书并设

定你的意图

必须是你自己的梦日记。必须小巧并便于白天携带以及可以放在床边。

你可以购买梦日记本。我总是随身携带着一本简单的梦笔记本。

在这个问题上，我同意许多作者的观点，如有可能，应该使用同一支笔。梦日记已被使用很久啦而且大多数关于梦的研究都以某种形式利用梦日记。

设定你的意图：

设定意图是这项工作的关键。当你躺在床上时，对自己说：

1. “我打算在此做个有意义的梦。”

2. “我打算在此记住我的梦。”

3. “我的梦会引导我进入我真正的潜意识自我意象”。

4. “我将在我的梦中拥有最高的自我意象。我想成为的人，我值得成为的人”。

第二步：学习如何记住你的梦

某些时候，你一定有过早上醒来脑子里想着一首歌的经历。想想！你可能听过，在前一天晚上，也许在前一天晚上之前的晚上，或者在其他的时间。这种情况经常发生。从我自己的实验中，我已经明白，你在傍晚 6

点左右听一些旋律优美的或富有诗意的歌曲，它会附着在你的潜意识中，你就会随着旋律醒来。

傍晚6点，对自己说：

“我将会记住我的梦。我的潜意识思维将把我的梦带入我的意识中。”

说完这句话，随它而去，不必多想。

进一步说明：

梦中的记忆转瞬即逝。就像线一样，你必须把它们拉在一起才能有意义。当你从梦中醒来时：

1. 别动！不要睁开眼睛！集中精力记住你脑子里在想什么。

2. 让梦中的图像一个一个地向后走，慢慢地，没有任何压力。

3. 不要用闹钟。或者试着使用一个带有柔和音乐的闹钟（如果你需要的话）。

4. 给梦起一个名字或标题。

5. 设置内容应该被记录。梦的其他哪些方面也应该被记录？

第三步：我在梦日记中写什么？

第一周，你所需要做的就是写下你的梦。你会有自己的想法并想出自己的方法来记住你的梦。

1. 确定你梦中的主题。

2. 给你的梦一个标题。

3. 画一张你梦的“截图”。

你需要知道你的梦是什么。未来，你将决定你的梦图像分数。

行动呼吁：

1. 习惯于写你的梦日记。

2. 白天随身携带梦日记本以备你想起梦中的什么。

3. 养成每天反思梦境的习惯。

第九章
梦中自我意象：你成功的关键

鸟须破壳才能飞。

——阿尔弗雷德·丁尼生勋爵

什么是梦中自我意象？

梦中自我意象是你自己在梦中对个体类型的概念。与你意识层面的自我意象不同，它是在黑暗中你自我印象的无意识投射。

梦中自我意象的作用犹如一把火炬照亮你无意识的自我意象。

你真实的自我意象是你过去经历的产物，包括：成功、奋斗、思考自己的方式，以及多年来你梦见自己的方式。它是别人在你年轻时甚至现在如何对待你的产物。它是一张你在梦中你自己的照片。它还包括你在梦中的感受。

梦中自我意象评分：

梦中自我意象评分至关重要。评分数越高，结果越好。请阅读下一章并完成你自己的梦中自我意象评分。

你的梦中自我意象评分将清楚地显示你在独处时潜意识思维深处对自己的感受。了解和学习可能使你感到惊讶，但这是实现你全部潜能的关键。你可以学习如何提高你的“自我感觉”。你将被惊讶到，事情怎么可以变化如此之快。

你的梦中意象是你自我感觉的真实的潜意识意象。改善你梦中自我意象，可以为你打开许多大门并且开辟穿过你生活壁垒的通道。每当你的梦中自我意象得到改善时，你就为自己的生活开辟了更多的大道。

“梦中自我意象的工作如同破墙建门。”

——伊姆兰·哈瓦贾 医学博士

一般来说，梦反映你当前的心情。管理梦并且学习早上一起床时感受你的梦，将对你的生活产生深远影响。重要的是你对睡眠工作感到放松。不要给自己施加“额外压力或表现焦虑”。

我想再次强调，这些练习不能取代任何形式的心理治疗。如果读者有精神障碍的病史，请在开始这些练习之前，先去他们的治疗师或精神科医生处就诊。

本项目旨在让你有更多的机会进入你的隐藏着能量和智慧的潜意识，这些是你拥有但你尚未知道拥有的。它就像躺在海底的宝藏，你永远不知道如何把它带到海面。如果它在海底，它是无用的。梦中自我意象的工作将给你找到宝藏并且带回海面的工具从而享受财富。

这将帮助你驾驭潜意识思维的能量：

你是否一直很自信并掌控自己的生活？大多数人没有。你在梦中会感到虚弱、尴尬或沮丧吗？很多人会有。你有关于自己的好梦吗？很多人没有。如果你做了自己不喜欢的梦，你醒来就会感觉不好。这不是发射火箭那样深奥的科学。糟糕的梦导致糟糕的感觉，继而导致糟糕的情绪，最后导致糟糕的结果。

卡莱尔·史密斯博士认为，当人们对自己感觉不好时，他们就不是梦中的主角。他们发现自己在角落里或者根本不存在。

大多数人认为我们在快速眼动睡眠中做梦，但并不准确。我们在快速眼动睡眠和非快速眼动睡眠中都有梦和精神意象。与非快速眼动睡眠期间的梦相比，快速眼动睡眠期间的梦可能更情绪化并且有些消极。

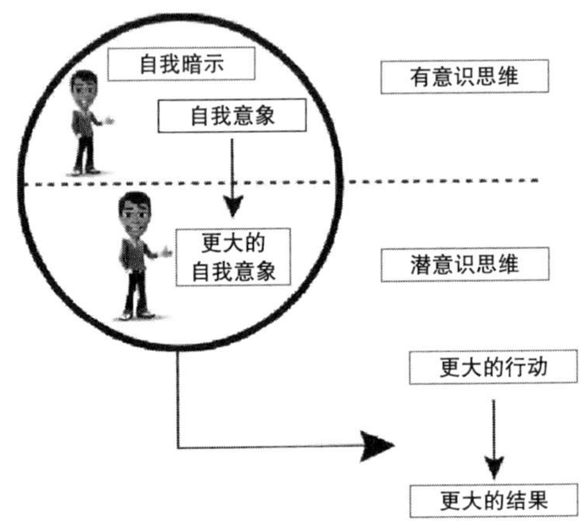

当人们拥有不好的自我意象时，他们就没有多大成就。潜意识思维通过自动暗示会受到积极影响。为了更快地改善你的潜意识思维，参见下图。

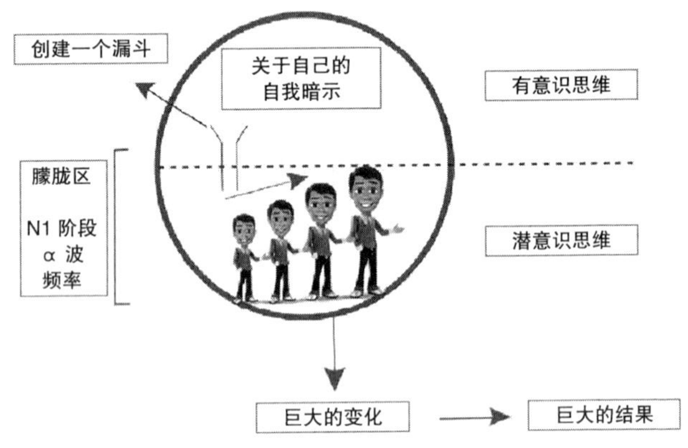

在朦胧区睡眠期间，在意识和潜意识思维之间创造一个漏斗。任何关于你自己的意象或想法都很容易嵌入潜意识思维。

我有个问题要问你：你是否曾在早上醒来，脑海中萦绕着一些歌词？我有很多次，通常是前一天晚上听的歌，而当时并没有什么特别的思考。

如果这是一首快乐的歌，你会感到快乐。你有没有想过为什么你会在脑海中听到这首歌？不经意间，它被灌输到你的潜意识思维。所以，我们要做的，是在入睡之前，给大脑灌输正确的成分。那么你的自我意象就会在你的梦中成长。你越是用梦中更伟大的自我意象来看待自己，你就越自信，你的自我意象也成长得更伟大。

为了更好地理解这一点，想想过去照相机是如何工作的。小图像被放大。你的梦中自我意象也不例外。如果这种自我意象是负面的，你需要做练习来恢复平衡。另一方面，如果自我意象是正面的，把它放大就好了。

要点集锦：

梦中自我意象是你真正的自我意象。你无法超越你的自我意象；因此，你必须努力塑造自我意象。因为梦中的自我意象是你自己的真实写照，你应该努力塑造你的梦中自我意象。

 **行动呼吁：**

1. 打印梦中自我意象问卷并将其放在每天都能看到的地方。

2. 在智能手机上拍照或扫描。

3. 计算你的评分，看看你的评分与你的生活事件有什么关联。

第十章
我是如何使用我的梦中自我意象评分的?

梦中自我意象评分是你对过去 3–7 天内你的潜意识自我意象的数字呈现。用数字表示出的分数分级。我提出这些问题是根据我研究的许多关于自我意象、自尊、建立信任技巧的书籍以及我作为精神科医生和睡眠医生的心理动力学的心理治疗知识，使之互相结合而确定的。

你应该在什么时候完成一个梦中自我意象量表?

你应该马上完成一个!

你还应该每周做一次。而且，应该跟踪比较你的评分，以查看出现的模式。如果你发现你的梦中自我意象评分在上升，就说明你在正确的道路上。如果评分下降，提示你的梦中问题是在或将在你的意识生活中出现。你应该更加努力，更要使用本章节之后中介绍的练习。

梦中自我意象的概念解释如下：

首先，你为什么需要量表？我想有以下几个原因。你当前的梦中自我意象与你生活中某个特定水平的结果相关。正如你现在知道的，“你不能超越你的自我意象。”你想要改善它，但是你不能改善任何你无法衡量的东西。

林语堂翻译的一个著名的中国寓言是这样的：

庄子说，从前我梦见自己是一只蝴蝶，飞来飞去。我只意识到我作为一只蝴蝶的幸福，不知道我是庄子。很快我醒了，我又回到了现实，真实的我自己。现在我不知道、我当时是一个人梦见我是一只蝴蝶，还是我是一只蝴蝶，梦见我是一个人。人与蝴蝶之间必然有区别。这种过渡被称为物质的转变。

此故事有多种解读，但我的理解是，一个人可以从一种状态转变到另一种状态并且能够成长。梦有助于实现这些转变。

见下图

图 3：正常人循序渐进的做梦过程

梦中自我意象量表

一、我觉得我的梦充满了威胁和恐惧

1. 强烈同意

2. 同意

3. 不同意

4. 强烈反对

二、在我的梦中，我觉得我是一个有价值的人，至少在平均水平上或者超过别人

1. 强烈同意

2. 同意

3. 不同意

4. 强烈反对

三、我觉得在梦中自己不如别人有价值还觉得自己有些依靠别人

1. 强烈同意

2. 同意

3. 不同意

4. 强烈反对

四、在我的梦中，我觉得我和别人一样高。我不认为自己比别人矮

1. 强烈同意

2. 同意

3. 不同意

4. 强烈反对

五、在我的梦中，我公开地与人交谈，一点也不害羞

1. 强烈同意

2. 同意

3. 不同意

4. 强烈反对

六、在我的梦中，我经常看到自己和名人（如电影明星、政治家、总统等）在一起

1. 强烈同意

2. 同意

3. 不同意

4. 强烈反对

七、在我的梦中，我对我的老板或权威人物完全满意

1. 强烈同意

2. 同意

3. 不同意

4. 强烈反对

八、在我的梦中，我即使在危机中也感到平静和可控

1. 强烈同意

2. 同意

3. 不同意

4. 强烈反对

九、我在梦中飞翔或者有一种漂浮在空中的感觉

1. 很多次

2. 有时

3. 很少

4. 几乎没有

十、在我的梦中，我要迟到了，或者找不到我正在找的东西

1. 强烈同意

2. 同意

3. 不同意

4. 强烈反对

现在你知道如何查看你的梦中自我意象评分。以下是各级评分的解释。

梦中自我意象评分：

10 或以下：极度糟糕的梦中自我意象

20 或以下：糟糕的梦中自我意象

21–29：一般到良好

30 及以上：良好的梦中自我意象

如果你的梦中自我意象评分低于 20，意味着你必须多做在你面前的可视化练习。

要点集锦：

梦中自我意象量表，可以让你在练习过程中衡量自己的进步。你应该每周确认你的梦中自我意象。

行动呼吁：

1. 完成你的梦中自我意象评分并记录下来。

2. 让你的伴侣或朋友给你评分。

3. 找出你有意识自我意象与你梦中自我意象之间的三个不同点。

第十一章
梦中的肢体语言

肢体语言比实际语言更吸引我。

——杨紫琼

梦中的肢体语言重要吗？在梦中你的身体做什么很重要吗？是的！当然，肢体语言是你心情状态的反映，那是你一直想要的良好心情。

我的一位导师罗布·范斯汀（Rob Feinstien）博士是一位院士、精神分析师和精神病学教授。他教我们在提供心理治疗时，如何从肢体语言中寻找线索。令人着迷。

你看过艾米·卡迪关于保持积极的肢体语言的演讲吗？这是近期最受关注的TED演讲之一。

它告诉我们，你的肢体语言和你的举止不仅向他人也向自己传递信息。

艾米·卡迪说:“你的肢体语言在你的自信中发挥着关键作用。”

是如同安东尼·罗宾斯一直说的。记住你拥有细胞记忆功能。你的细胞记得他们当时的感觉。

当你心情好的时候，你的姿态更加端正和自信。你的声音也不一样。反过来，如果你保持良好的姿态和肢体语言，你的心态更积极。

看看托尼·罗宾斯！你何时看到他没精打采？他总是胸部向前，肩膀向后。

看看任何一个扮演“英雄”的演员。不管什么时候，他们总是采用积极的肢体语言。看看扮演英雄角色的汤姆·克鲁斯、布拉德·皮特还有其他演员。无论角色在电影中是否苦斗挣扎，主人公都会用自己的身体，来表达积极的肢体语言来表达身体形象。

我的很多同事都问过我这个问题:“伊姆兰，为什么我们记不清自己的梦？”

我告诉他们，你可以增强自己记忆梦的能力。虽然每个人对梦的记忆能力各不相同，但我们可以增强它。

请复习第八章中的技巧。简单地说，这项技术包括当你醒来时睁开眼睛就要回顾你的梦，避免闹钟的震动，给你的梦命名，记录你对梦的记忆等步骤。

那些对梦的作用感兴趣的人，常常会使用这项技术。细胞是有记忆功能的。它们与你的大脑有着错综复杂的关系，是你思维的开关，了解肢体语言很重要。当你走在路上，充满能量的身体姿势能让你感到自信。当你做梦的时候，它们也会帮助你。你的有意识和潜意识之间的交流一直都在。保持积极的肢体语言有助于将力量传递给你的有意识，再传给你的潜意识，然后使它们完全一致。我建议，指导你的潜意识在梦中拥有强大的肢体语言。

“始终保持身体好姿态”

——阿瑟·约瑟夫（Arthur Joseph），

作家兼语音教练专家

要点集锦：

肢体语言描绘出你是谁，无论你醒着还是睡着。随时管理你的肢体语言。关注像汤姆·克鲁斯、布拉德·皮特这样的演员并观察他们的肢体语言。想象自己在梦中表现出有力量的肢体语言。

我的一个朋友弗雷迪·贝因（Freddy Behin）博士说：“每个人都有属于你自己的姿态，它决定一切。”

行动呼吁：

1. 检查你的身体是否有压力。

2. 站在镜子前看看你的身体是懒散还是笔直。

3. 看着你自己的眼睛并感受你能产生的力量。

4. 对自己说："(你的名字)，在梦中我一直都有一个强大的姿态。"

第十二章
改变你的梦中自我意象和你的夜间故事

“在我所有的经验中，从未见过解决问题的持久方案。持久的幸福和成功，是从外到内的。”

——史蒂芬·柯维（Stephen Covey）

《高效人士的 7 个习惯》

这是本书的最后一章！我知道你渴望学习如何改变你的梦中自我意象和你自己的梦中故事。祝贺你已经学习了相关的一些想法和概念。在本章中，你将拥有一个具体的计划来实现你应得的梦中自我意象。你想在梦中有一些梦幻般的故事，你是故事中的主角，而不是逃避冲突或冒险的那个人。

学到梦中的自我意象和你的潜意识编织的梦中故事。至此你已经明白拥有一个强大的梦中自我意象是多么重要，因为它转化成强大的自我形象，进而又转化成充满自信和成就的强大生活。

“你无法超越你的自我意象。”

这是一个真实的陈述。更深层次地说，真相更为复杂。你的自我意象并不是你真实的自我意象。由此我的意思是，你的梦中自我意象是你真实的自我意象！写下来，做标记。划重点，抓紧它，牢记它。

现在是你收获读书回报的时候了。这本书不太厚，但可能是你一生中最重要的图书之一。我们把书设计得薄些，这样你就可以充分利用它。

你学习了关于梦、睡眠和梦中自我意象的新哲学和新观念。如果你是从属于医学专业，有些观念对你来说并不新鲜，但即使在医学专业，梦也不是探索的主题，除非你在接受精神分析培训或是一个梦研究者。

我赞扬你阅读了这本书并且达到了可以采取进一步措施来改变你梦中自我意象的程度。现在就是时候。你准备好了吗？

在最后一章中，你将学习将梦变为现实的 7 个习惯。本章正文中已列出这些习惯。

梦中自我意象遵循以下 7 个习惯。

习惯一：遵循成功人士的哲学并且每天至少阅读30分钟。

我并不担心你没有遵循成功哲学，因为我知道你是这样做的！否则，你就不会读这本书了。如果因为某种原因，这是你第一次拿起一本关于成功自助书籍的话，我建议你至少还要阅读一位成功人士的作品。下面是我推荐的作者列表，当然还有很多作者。

1. 托尼·罗宾斯
2. 杰克·坎菲尔
3. 鲍勃·普罗克特
4. 约翰·凯霍
5. 马克·维克多·汉森
6. 科维
7. 博恩·崔西
8. 乔·瓦伊塔尔
9. 约翰·阿萨拉夫

另外，你还会发现一本即将出版的书的简短摘要，这本书是我与里兹万·舒贾合著的，也可以让你开始阅读。下一本书中的这些注释也能给你很大帮助，因为它综合了许多作者的哲学思想。

如果你遵循一个好的哲学，梦中自我意象的作品将使你的成绩飞涨。你要成为一名有成功和个人发展的学生，正如吉姆·罗恩（Jim Rohn）所说过的：

“在工作上努力，但在自己身上更努力。”

斯蒂芬·科维教授鼓励人们成为自己所学知识领域的教师，因为这有助于他们理解概念并改变他们看待自己的方式。正如鲍勃·普罗克托所说的，一个“增值”的人。你需要对自己投资。投入时间、金钱和精力来提高自己，只有到那时——我再说一遍那时——这个梦中自我意象作品才会成为帮助你实现梦中理想生活的催化剂。

无论你喜欢托尼·罗宾斯、杰克·坎菲尔德、鲍勃·普罗克托、约翰·凯霍，还是其他作家或演说家，关键是你需要遵循那种个人哲学并用梦中自我意象作品来完善你的成功。你还可以遵循更多的个人作品。

如果你读过托尼·罗宾斯的作品，你可能会熟悉他的 3 S 哲学，它代表着“状态”、“故事”和“策略”。“状态”是你醒着和睡着的情绪状态。“故事”是你自己的生活故事。它包括了你醒着和做梦时给自己讲的故事。第三个 S 是“策略”，即本章将提供的用于管理你梦中自我意象的“策略”。此外，塑造一个更成功的人也是一个极好的策略。记住，人生的三分之一是在睡眠中度过的，管理这种状态也很急迫。当你做梦时，你的“情感大脑”区域就被激活。

你的情绪大脑或被某些人称之为的“爬行动物大

脑”触发充满焦虑的思想、图像和梦境。情绪大脑会形成驱动焦虑的自我意象。那无论你做梦时的心态是什么，你都会在第二天早上和一整天带着这种心态生活。它对你白天的情绪状态有着深切的影响。

许多哲学教诲你要拥有自己的故事。因为故事很有力量。它们会在你的脑海中留下印记。你的故事应该是你自己的，而不是别人告诉你的。你不该生活在别人告诉你该生活的故事里，环顾四周，你会发现那样生活人，有数百万是不快乐的。

所有成功的作家都教育你与你的“受害者故事”“离婚”，并且采纳一个健康的故事。最有可能的是，你总是与糟糕故事相伴。你不想要总是逃避事情的。你也不想要这样的故事，例如为你的生活奔波，或者你想要的被拒绝，或者撞上了玻璃天花板。现在正是时候，抛弃那些困恼你思维的带有负面影响的故事。你只需要对那样的故事摁下删除键：

“天哪，我要迟到了。”

“天哪，我的老板会生我的气的。”

“哦，天哪，我想不起这次考试的答案了。”

“天哪，我的对象要离开我了。”

“天哪，事情结束后我会怎么样？”

这些故事情节大多告诉你：你“不够好”。

如果你分析你的梦或者坐下来琢磨，你会意识到这些梦来自于你内心的某个空间或部分，对你感觉不好。

我知道我是对的，因为这正是我弟弟和我过去的感受，也是我的许多客户的感受。这些故事情节白天困扰着你，晚上萦绕着你。几个世纪以来，这些受害者的故事被编入人类大脑中爬行动物脑的部分。这些故事可能曾帮助过我们穴居的祖先，让他们能够事先有准备，并在凶猛的野兽的攻击下生存下来，但是今天的你不再需要了。相反，你需要积极的故事来预示你的成功和幸福。

你可能会问“哈瓦贾博士，那我能做些什么？

我对你的回答是，“你必须改变你的故事情节，无论是醒着还是在睡觉。你必须改变你的梦中自我意象和白天自我形象，管理你的睡眠思维和清醒时的思维。”

正如史蒂夫·哈夫·埃克（Steve Harv Ecker）经常说的，“你不是你头脑！你有头脑，但不是你”。

“通过阅读书籍和聆听自我提升领域英才们的演讲，你肯定会学到许多在白天发挥作用的策略，用于你塑造你的梦中自我意象。

习惯二：与你的潜意识思维交朋友并加以保护。

“潜意识是有创造力的，能多产的随时准备为你服

务。然而我们当中却很少有人知道如何使用它的力量。”

——约翰·凯霍

即使在睡觉的时候，也要命令你的潜意识表现得像个勇敢人。

托尼·罗宾斯告诉我们，咒语可以使你的身体和情绪达到适当的和谐。你背诵这些咒语，相信并按照它们行事。这就是你做梦时想做的事情。

当托尼·罗宾斯说脏话时，他让他情绪化的大脑去影响身体的每一个细胞。这就是做梦时发生的事情。你的身体不能动，但你的大脑对你的情绪做出反应。在醒着的时候，你的身体会表现出你的情绪。当你做梦时，你的身体不会动，但你在梦中想象的动作会向你的大脑发送信息。同样，在梦中你拥有的自信水平也会传递给你的大脑。

你思索，“我怎样才能改变自己的梦？”

“怎样才能做个美梦成为我的世界之王呢？”

人们有时会说：“你将在你最疯狂的梦之后获得成功，但是，有些讽刺的是，很少有人做到他们成功的疯狂梦。

在这一章中，你将学习如何在疯狂的梦中获得疯狂的成功。你将学习如何构建对你有利的梦。

你正在学习把你的恶梦转变成疯狂好梦的习惯。你做这些练习越多，你的梦就会变得越愉快，你也会变得越自信。

你准备好了吗？准备好改变你梦中自我意象和你自己的身份了吗？准备好创造你自己的好故事了吗？让我们开始吧！那将是非常美妙！

保护你的潜意识：

记住，你一直在自我对话。你的潜意识和有意识始终在交流。你需要对谈话有更多的了解。当你让你的潜意识在没有指导的情况下四处游荡时，那你正在招致坏的结果。这就像是让一个小孩四处游荡，捡起他（她）想要的任何东西，然后把它放进他（她）的嘴里。那会是健康的吗？当然不是！

所以，你需要密切监视你的潜意识思维，它是纯粹的能量而且一直很年轻。不要让它飘忽不定或与坏消息为伍。我再说一遍：你的潜意识必须远离坏朋友、坏消息和坏影响，以及任何让它感到紧张的东西。

潜意识无法分辨什么是真实的，什么是想象的。

——鲍勃·普罗克特

远离坏消息：

你在网上或新闻中听到或看到的很多东西都是负面的。经济正在衰退。生活变得越来越危险。这类新闻助长了你天生就会担心的基本恐惧。然而，现在是 21 世纪，我们不再住在洞穴里。我们不再需要无理智的恐惧来保护自己。每一位成功作者都认为，恐惧因素会阻碍你实现梦想生活。

因此，格拉齐奥西（Graziosi）院长在其最新著作《百万富翁习惯》中鼓励我们辟谷新闻饮食，这意味着在一个多月内远离各种新闻。甚至不要问朋友发生了什么事。如果真的有什么严重的事情，相信你无论如何都会知道的。

不要上 CNN 或福克斯新闻。只是远离。不要看 YouTube 视频或使用其他 App。这些都有负面影响，给你的潜意识思维带来恐惧，进而产生基于恐惧的梦和基于恐惧的自我意象。难怪你发现自己在生活中苦苦挣扎，却没有勇气迈出下一步。

解除你自己的自动催眠：

你在用坏影响催眠自己。我再说一遍：坏影响。我不再重复说了。你需要在头脑中进行积极的自我对话。在睡觉前你必须进行积极的自我对话，这也会引导你在梦中进行积极的自我对话。

习惯三：记梦日记并为自己安排一些思考时间。

你已经知道该怎么做。你已经阅读关于如何记录梦的章节并且知道记录自己的梦是多么重要。

吉姆·罗恩（Jim Rohn）曾经说过，记日记非常重要，因为它可以帮助你了解自己已经走了多远。此外，《梦日记》还将向你展示你的梦中自我意象随着时间的推移已经长大。

习惯四：随时优化你的潜意识，尤其在睡觉前。

一切都在意象中

在我们继续下一步之前，让我给你一个想法，关于我们如何实现这一目标。我们在头脑中看到的一切都是通过图像产生的。当我们做梦的时候，我们头脑里也有图像，故事情节都是以图像或视频的形式呈现给我们的。因为无论是清醒还是在睡觉，我们的大脑都有能力想象改变图像。运用一些意象工具，我们可以改变自己的梦。

有很多关于图像预演疗法（IRT）的文献，心理学家和治疗师用来治疗作噩梦的患者。你将在以下几页书中学习到的技巧，与图像预演疗法不同，但有一些共同的基本机制。

让我们来谈谈如何改变你脑海中的意象，也就是如何帮助你在夜间改变梦。在梦中自我意象工作中，我鼓励客户思考自己的潜意识自我意象，思考自己的潜意识思维。

我们每个人都过着受条件制约的社会生活。当我们看到一个特定的广告时，或者当我们在圣诞节和元旦醒来时，我们都会被我们的环境所影响。我们睡眠的好与坏，同样受到环境因素的影响。我们的梦也受到生活中发生的事情的制约。患有创伤后应激障碍（PTSD）的人，即使在睡觉的时候也会有消极的心理状态。因为他们习惯于作恶梦和梦魇。他们预计自己会作噩梦。这是自动的。有时在绝望中，他们试图不睡觉，但那不起作用。

梦在我们的生活中悄然起着作用。他们可以是我们的仆人，也可以是我们的主人。如果你驾驭他们，他们会为你服务；如果他们失去控制，他们会成为你的主人。

正如史蒂夫·哈夫·埃克（Steve Harv Ecker）所说：

“你的头脑可能是一个伟大的仆人或者是一个可怕的主人。”

梦满足人们一些需要。即使是作噩梦也在满足一些需求。你一定自言自语，“怎么会这样？”一些患者将他们的噩梦与他们的身体联系起来，不想放弃他们。这是真的，我不是在开玩笑！他们觉得如果噩梦消失了，他们会失去一部分自我。这种感觉也说明，那些噩梦表明他们的生活中有一些相关的问题需要解决。

大多数患者没有意识到自己的梦中自我意象。一旦他们觉察到自己梦中自我意象有多么糟糕，他们就会与自己的初级意识取得连接，然后产生效果。

当你学到更多，你会意识到消极的梦中自我意象是如何阻碍你的成功。这会激励你放弃你以前消极的自我意象，尽管有时你也会抵制、不愿放弃所有消极的自我意象。

大多数研究都得出结论，我们的梦中所见都是我们日常生活中所关心的事情。所以，举个例子，如果一个人正在经历一段感情问题，她会比其他人有更多关于感情冲突的梦。然而，梦也有一些随机性。我的女儿阿琳娜（Alina）曾经说过：

“梦很奇怪，梦中几乎什么都可能发生。”

按照“连续性理论”的说法，在你的意识生活中发生的事，都会以这样或那样的方式反映在你的梦中。反之，梦中发生的一切也会影响你的生活。

梦中出现的自我意象以及负面故事决定了你日常生活的思维方式，还会支配你的肢体语言，也会支配你的精神状态。它会告诉你白天要思考的故事。梦的消极状态会让你感到信心不足，并使你在生活中减少冒险。

这个过程与你的自尊密切相关。这是一个循环。你有一个消极的自我意象，这使你的梦中自我意象消极。

当你清醒时，梦中自我意象的负面情绪会增强你的负面自我意象。要理解这一现象，想象一下在你的梦中，你正在主演一部关于你自己的恐怖电影，并且感到恐惧。想象一下，你醒来时，即使不再记得梦中的细节，也会因为梦中的情绪而感到不安和慌乱。

恶梦也也有功能！

你的消极梦一样有功能。它们提醒你要注意一些问题，但不幸的是，以前你没有接受过理解梦含义的训练。当我们与梦相处和谐，梦会指引我们走向需要解决的问题。例如，如果在梦中你比别人矮，你就会没有信心并且黯然失色。还有，如果你梦见你在与权威人士打交道时遇到困难，这可能意味着你要重新定位你自己为成年人，如同成人与成人的对话，而不是像儿童与成人的对话。

如果你能够改变你的自我意象和故事情节，生活中那些你的不足之处就会消失。这就是练习的全部内容。从良好的 RUM 眼动睡眠的消息中，你将获得意想不到的益处。这是一个与想象和做梦有关的电路。负面想法会引发潜在的“坏情绪”，进而导致坏想法，进而导致坏行为或不作为。

这个电路很强大，是可以自动触发的，可以强化行为的模式。

在《纽约时报》畅销书《我很好，你很好：交易分析实用指南》中，托马斯·A·哈里斯博士满怀热情地报道了脑外科医生怀尔德·彭菲尔德的开创性工作。具体而言，哈里斯强调，在意识清醒患者的手术中，怀尔德的实验刺激了清醒脑部手术患者脑部的某个小区域（大脑没有任何疼痛受体，因此患者可以在相对舒适的情况下接受手术）。尽管患者意识到自己在手术台上，但刺激也使他们生动地回忆起过去事件的具体细节，不仅是事件的事实本身，而且是在记忆形成时生动地“重温”了“患者的所见所闻、感受和理解”。基于这些实验，哈里斯假设，大脑会像录音机一样记录过去的经历，这样一来，大脑就有可能以原始的情感强度重新体验过去的经历。

哈里斯将他对怀尔德实验的解释与埃里克·伯恩的工作联系起来，埃里克·伯恩的心理治疗模型基于这样一种理念，即童年的强烈情感记忆永远存储在成年人身上。这些童年记忆的影响，可以通过仔细分析人与人之间的语言和非语言交流（“交易”）来理解，因此伯恩把他的模型命名为：交易分析（TA）。

哈里斯认为交易分析（TA）定义基本单位的能力非常有价值。通过这些基本单位可以分析人类行为，即在两人或多人之间的“交易”中用所谓的“股数”来给予和接受。他赞扬为描述这些“股数”而开发的标准化语言。这是容易理解的标准化，哈里斯开发的交易分析（TA）和怀尔德的神经科学之间的联系，使交易分析（TA）具有了早期抽象模型（如西格蒙德·弗洛伊德开发的模型）所不具备的可信度。

简单地说，大脑的某些部分在受到刺激时会触发某些图像和电路。这就是为什么许多作者研究改变思维或行为模式的原因。他们想打破这个循环并且改变电路。这正在改变生物和神经层面的模式。

当你的梦中自我意象不佳时，它会在很多方面影响你，包括引发不良情绪。你可能会经历悲伤、愤怒、恐惧、伤心或暴怒。

当一个人即将入睡时，他（她）会经历某种形式的意象。这对男性和女性都是如此。这个意象很重要，请记住。你希望是用积极的意象进入睡眠。

睡前想象你想要的自我意象是白天自我意象和梦中自我意象之间的桥梁。如果你想象的是负面意象，那你很可能会在睡眠或梦中对自己产生负面的自我意象。

在我们进入你将要进行的塑造梦中自我意象的练习之前，重要的是要意识到你的睡眠环境应该是令人愉快的，有着漂亮的图片。气味也很重要。卧室里应该有怡人的香气。

当你进入睡眠时，你所需要的、只是几分钟有意识地引导你的潜意识思维。在即将入睡的过渡期，你的大脑发出 α 节律的脑电波（8 到 13 赫兹）。这是你需要捕捉和引导潜意识思维的时期。你可以想出一些令人愉快的事情。想象自己正在做的事情，象征着你在生活中实现了一个特定的目标。保持自然，让这几分钟有规律，但要放松。

一个好技术是给自己几分钟的时间来想象你未来的目标，就好像你已经实现了目标一样。想象一下，在实现这些目标后，你会有一种多么美好的感觉。尽情想象吧。你需要做的只是用食物和营养浸泡你的潜意识。你的潜意识无法区分真实和想象的事件和图像。积极的自我意象会浸入你的潜意识。

你可能认为自己和其他人一样，是一个做恶梦或负面梦的人。这个念头需要改变！你的新身份、应该是一个时时刻刻都在做着美梦的人，一个睡得很好的人，一个动力满满的人，一个有着真正充实生活的人。

当你的自我意象和身份因这项努力而改变时，你将不再经历噩梦，不再有让你迷失的梦。那么，你是否准备放弃你消极自我意象的梦，而设定一个自信者的意象了吗？好的，那我们继续吧。

这是一个蜕变过程。成长和脱壳需要时间，在这个过程中，准备好在梦中冒险。

随着时间的推移，用你想要速度的程序替换你那被损坏的“软件”。你将开始掌握你的梦。当你掌握了你的梦，你将掌握你的生活。

你在梦中的行为方式将渗透到你清醒生活的行为方式中。它仍然是你，但是一个优化的升级版。

膈肌呼吸（腹式呼吸）

用横膈膜呼吸有什么意义？它会帮助你变得越来越冷静。这是正念训练的精髓。当你在梦中感到害怕时，你的呼吸会不稳定。当你以同步的方式吸气和呼气时，你的身体会做出反应，你的情绪会平静下来，你可以观察自己。

当你开始塑造自己的梦中自我意象时，这一点至关重要。

正念练习就像把氧气源源不断地输送到你的大脑，让你可以拥有良好的意象和积极的能量。正念表明可以提高你的自信，大多数成功人士都在做。

我注意到，如果不能放松，我就无法想象。我相信你也是这样。

开始练习吧，从脚趾开始。想象一下，你的脚趾和脚变得越来越放松……当你感觉越来越放松时，这种感觉开始扩散到小腿和膝盖，然后像柔滑的波浪一样向上移动。

你的工作就是让这波浪向上浮动，但是不要强迫它。你越平静则波浪越向上，你就越放松。一步步、你会感受到你的大腿、臀部和骨盆区的平静和放松。

你也可能察觉到一些刺痛感。你身体的一侧（左侧或右侧）是比另一侧感觉刺痛感更多一些。这些感觉会在你每次吸气时扩散。让平静和刺痛的感觉一起随呼吸向上传。当你吸气时，感觉向上移动；你呼气时，感觉继续向上移动，直到抵达你的头部。此时你处于完全的放松状态。

如前所述，根据你的意识水平，大脑有不同的脑电波频率。如果你很放松，即将入睡，你的脑电波就在 8 到 13 赫兹的 α 频率。这是你大脑放松的频率，此时你的潜意识容易受各种影响。也是你进入和离开睡眠阶段的时间。这是我们需要抓住的窗口，这样我们才能进入你的潜意识来编程。

当你的眼球向上滚动时，α 频率就会被触发。如果你有意识地这样做，就会产生一种奇怪的感觉。当你自然入睡时，你不会注意到那种感觉。然而，当你转动闭着的眼睛向上看到额头上时，它会引起一些刺痛感。你会处在 α 波，我的朋友！享受这种感觉吧。虽然不同的人感觉不同，描述也不同。

当你现在变得困倦时，你可能会有缓慢的眼球转动动作，这是你逐渐朦胧欲睡的迹象。此时你潜意识思维的大门是敞开的，但这是一个非常狭窄的门户。现在是时候让你的建议深入自己的潜意识思维。

约瑟夫·墨菲博士在他的经典著作《潜意识的力量》中写道：

“当你睡着时，治愈过程会更快，因为没有意识的干扰。当你睡着时，你会得到非凡的答案。”

他还说：通过进入困倦、昏昏欲睡的状态，作用就会降到最低水平。有意识的思维在很大程度上被淹没在昏昏欲睡的状态之中。其原因是，潜意识思维最大程度的浮现是在睡觉前以及被唤醒时。在这种状态下，倾向于中和你的欲望并阻止你的潜意识思维接受的负面思想就不再存在。

如果你想摆脱一种破坏性的习惯。请摆出舒适的姿势，放松身体，保持安静。进入朦胧欲睡的状态，在这种状态下，像摇篮曲一样轻声地反复地对自己说，“我完全摆脱了这个习惯，和谐与心境平和是至高无上的。”

我的朋友弗雷迪·贝因（Freddy Behin）博士，是《活在碟中谍的梦中：如何做到最好》一书的作者，每次都告诉我，他通过从远处看自己，以及在此刻全神贯注来想象实现自己的目标。他睡觉前也会这样做。他说："我睡觉前做的最后一件事就是对自己有正面的积极意象。

"现在，我假设你有一本睡眠 / 梦日记。你已经熟悉了你正在经历的梦。你的自我意象是什么？你的生活中有哪些不足？你的自我意象是像岩石一样坚不可摧吗？

你在别人面前说话会感觉有困难吗？如果是这样，你需要在睡觉前对自己说："我很自信。我一直都很自信。即使在别人面前说话，我也很自信。即使在数百人甚至数千人面前我也一样自信。"

想象你站在一大群为你欢呼的人面前演讲。然后你对自己说，"我命令我的潜意识创造一个梦，在梦中，我在成千上万的人面前畅所欲言。"

"我打算做一个梦展示我在数百人面前讲话。"

"我打算做一个在公众场合演讲时充满自信的梦。我会醒来时想起当我在人们面前演讲时感觉很好的梦。这个梦会给我很多能量。"

"我的梦是积极的，充满活力。我过着一个优秀演说家的生活。"

你明白了吧。如果你正在处理工作中的一些冲突，或者可能是与一个难以相处的老板打交道，想象一下你有一个梦，在这个梦中，你与老板相处非常舒适。你可以勇敢地面对他或她，管理他或她的情绪。

你对自己说："我命令我的潜意识产生一个梦，一个伟大的梦，在这个梦中，我对处理工作中的任何冲突都充满信心。我保持冷静，一点也不害怕处理冲突。我掌控一切。这个梦将教会我如何控制而不是逃跑。

让我再给一些奖励。

* 准备一个音频播放器或录音机。为了避免分心，尽量不要使用手机。记录下你想要的梦，这样你就可以在睡觉前听到它。

* 入睡前专注一个愿景图。图上你画着你想要的的任何东西。想象你有很多钱，有新车，或者其它任何你想要的东西。

* 如果你有音乐背景，那可能会更有帮助。

习惯五：即使在梦中，也要始终保持积极的肢体语言。

这一点不言自明。我们已经讨论过。所有的作者都在谈论它。这是必须的！检查你的身体是否有任何压力或紧张。释放紧张。确保肩膀向后，挺胸站直抬头。会立刻让你感觉不一样。

习惯六：让你的梦中自我意象评分不断更新并监控你的结果。

梦中自我意象评分是一个你必须用来指导自己的标准。如果评分数下降，就意味着你需要帮助。寻求教练的指导服务，并强化你的潜意识练习。

习惯七：根据梦中的预感开始行动、大行动！果断行动！

记住，当你的梦给你送来一个消息时，那是一份礼物。

要点集锦：

习惯一：遵循成功人士的哲学，每天至少阅读30分钟。

习惯二：与你的潜意识思维交朋友并加以保护。与你的潜意识思维对话。

习惯三：记下梦日记，为自己留出思考的时间来回顾你的梦中生活。

习惯四：随时优化你的潜意识，尤其是在睡觉前。

习惯五：即使在梦中，也要始终保持积极的肢体语言。

习惯六：让你的梦中自我意象评分数不断更新并监控你的结果。

习惯七：根据梦中的预感开始行动、大行动！果断行动！

如果你遵循以上这些习惯，毫无疑问，你会改变你梦中的自我意象，并将踏上你的成功之旅。我计划在我的下一本书中，和我兄弟谈谈我们的成功哲学。在那之前，好好享受你梦中自我意象的作品。

结 语

很多人会在一天中的最后5分钟里，回顾所有自己不喜欢的事，所有没有成功的事，感觉很糟糕的事，被谁虐待，谁对自己很刻薄，谁说了这句话，谁做了那件事……等等，如果你一直做这种事情，那么，朋友！你就在编程着你的潜意识思维，在如此状态下睡觉，将导致这些思想在你的潜意识思维中浸泡接下来的7–8个小时。

相反，从今晚开始，在你余生的每一个夜晚，我希望你在入睡前，花费最后五分钟并意识到你将对你的潜意识思维进行编程。当你在无意识的时候，当你睡着的时候，你的潜意识是最自由自在的。当你醒来时，你将重新加入宇宙的潜意识，上天的意识，我们所有人的起源。

韦恩·戴尔

附赠章节

与“梦之女王”的对话

“记忆从来不是原始的精确复制品……它是一种持续的创造行为。梦的影像就是这种创造的产物。”

——Rosalind D. Cartwright,《24 小时的思维：睡眠和梦在我们情感生活中的作用》

那是一天下午的 4 点，在我位于明尼阿波利斯的亨内宾县医疗中心的办公室（后来我搬到了达拉斯的 UTSW 和 VA），我正和 Mary Carskadon 博士通电话，她是青少年睡眠领域的先驱。我们正在讨论一个共同的研究项目，她提出了自己专业角度的意见。

我告诉 Carskadon 博士我即将出版的书《利用梦的力量　成为更好的自己》，分享了我相信梦对一个人的成功起着重要作用的观点。她突然说："那你必须和罗莎琳德·卡特赖特谈谈。你认识她吗？"我回答说"是的，我当然认识她"。她说："你知道她已经90多岁了，所以你最好尽快和她谈谈。"

罗莎琳德·卡特赖特博士是《二十四小时的思维：睡眠和做梦在我们情感生活中的作用》一书的作者，在伦敦梦研究协会的一次会议上被授予"梦之女王"的称号。她是梦研究领域的先驱。

我对即将与卡特赖特（Cartwright）博士进行的电话交谈感到兴奋，并渴望了解她对我的观点的看法。她对潜意识思维的总体看法是什么？更具体地说，想知道她会如何看待以积极的方式影响潜意识思维的观点？

我打电话给卡特赖特博士时，她很客气，并对我们的谈话表示了欢迎。她说，她很高兴听到我对梦感兴趣："这很好，虽然有很多研究生对这个题目感兴趣，但还没人付之于行动。"

她告诉我，她已经90多岁了，仍在工作和写作。目前正专注于她新版的《二十四小时的思维》。她要求我通过电子邮件给她写信时使用大字体，因为她患有黄斑变性，阅读有点费力。然而，她很快又提醒我，她的"头脑仍然很敏锐。"的确如此。

以下是采访的简要记录：

伊姆兰·赫瓦贾博士：你认为梦真的是通往潜意识的皇家大道吗？

卡特赖特博士：是的，说得好！这个说法是有道理的，你的潜意识会在梦中显现出来。

赫瓦贾博士：我很高兴我们在这方面有相似的观点。在你看来，有什么证据表明潜意识是存在的，它不像一些作者和研究人员所说的那样“愚蠢”吗？

卡特赖特博士：有大量证据表明它（潜意识）是存在的。关于它是聪明还是愚蠢的问题，认为它“愚蠢”的人并不理解它。这就如同散文与诗歌的对话，并不是每个人都有创造力和智慧。

赫瓦贾博士：你相信宇宙意识吗？

卡特赖特博士：我不知道。这是一个棘手的问题。

赫瓦贾博士：你如何在梦中引导潜意识？

卡特赖特博士：我试过几种方法，但问题是 REM 睡眠不稳定，你很容易醒来。

赫瓦贾博士：你相信睡眠可以用来规划你自己的改变吗？

卡特莱特博士：是的。但你必须非常小心，不要自欺欺人。这是非常主观的东西。

我告诉她我的信念，我们的自我意象与我们自己在生活中的成功有很大关系。我向她解释了我关于梦中自我意象的哲学和观点，它会随着一个人的精神和情感的成长而变化。

她说，她相信我们有一个梦中意象，但不确定我们如何才能改变它。

我感谢卡特莱特博士花了这么多时间并表示希望和她保持联系，我们也这么做了。她总是鼓励我继续工作，我永远感谢我们的谈话。

与世界著名睡眠与梦研究家卡莱尔·史密斯博士的对话

卡莱尔·史密斯博士是梦境领域研究的专家，他发表了数百篇文章，其中包括一本关于梦境的书《引导梦境》。

赫瓦贾博士：你认为潜意识和自我意象的作用是什么？怎么看梦对潜意识的影响？

卡莱尔·史密斯博士：我认为你说的是对的。如果你希望你的梦是可靠的，那么你的梦就会是可靠的。我发现，如果你在清醒的生活中有所行动，那么你的梦就会对此作出评论。

有时候你必须做点什么，采取行动。你不能只是闲逛，等待你的梦给你答案。重要的是你要做点什么来改变你的生活，或者对你来说，改变你的自我意象。可以从小事做起，你会发现、这些小事也会让你的自我意象变得更好，你的梦、会对此做出评论。

赫瓦贾博士：如果在你的生活中做的比以前好多了，出于某种原因，你真实的自我意象也已经改变了。在你的潜意识和梦中，你能更好地看到自己。同样，如果你能通过做梦的预演工作和与你的潜意识交流来改变你在梦中的自我概念，这将有助于你在生活中做得更好，因为你能更好地控制你的梦。你能更好地控制消极思想和你梦中的平衡。对此你怎么看？

卡莱尔·史密斯博士：我完全同意。当然可以像Cartwright博士所说的那样。如果你做了噩梦，你早上醒来时心情不好。所以，如果有人做了好几天的恶梦，那就会影响他白天的功能。反过来，如果白天发生了不好的事情，也会严重影响自我意象。

赫瓦贾博士：我也和卡特赖特博士谈过。我问了她同样的问题，但她不是百分之百肯定。她告诉我很难做到影响REM睡眠，因为它非常不稳定。你觉得这个观点怎么样？

卡莱尔·史密斯博士：嗯，我想你一定能做到。你不必在睡觉的时候这样做，但你可以在睡觉前通过神经反馈系统这样做。

赫瓦贾博士：我的书是一本自助书。如果我不采取行动就不会对我有帮助。在我的生活中，我运用了这些技术并采取了行动，这改变了我的生活。

我在生活中懂得，这些梦对我帮助很大。许多文化中的某些仪式可以告诉你自己，你为某个特定事情做个梦，这将帮助你做出决定。而且，它帮助我变得更加果断，因为我相信潜意识。我掌控着我的潜意识，当我的潜意识给我传递了一些东西时，我就采取行动。我不想太多，因此，我收获很多。

卡莱尔·史密斯博士：是的，你所做的是绝对正确的。梦给了你想法。我曾经梦到过在我拿到政府许可之前就雇佣某些人，我必须告诉你，会非常可怕。梦帮助你提前做出正确的决定。它能让你占取先机。

你的梦属于你。它们不可能告诉你去成为托尼·罗宾斯，但它们是为了你，这是它们的职责。它们可以帮助你做到最好。

赫瓦贾博士：我书中有一章内容是讨论梦中的肢体语言。梦中的肢体语言反映了你自己的梦中自我意象。

卡莱尔·史密斯博士：这很有趣。对于那些自尊心很低的人来说，他们在梦中总是看到自己坐在汽车后座上（没能驾驶自己的车），或者甚至在梦中看不到自己。而当人们有更的控制时，他们就是驾驶员，或者，至少处在活动中心。

那些缺乏自尊心的人认为自己处于边角，而其他人则在中心舞台。你可以告诉这些人不要太看重自己。处于你梦的中心是你自尊的标志。有时候，你必须收集不止一个梦，才能得到你生活中发生事情的主题。

赫瓦贾博士：你觉得你自己的梦中自我意象怎么样？你相信随着你在生活中变得越来越成功，你的梦中自我意象得到改善了吗？

卡莱尔·史密斯博士：我过去也没有记录自己的梦，直到我 20 多岁时，才意识到梦的重要性，我决定要把它们记录下来，它们是我生命中必不可少的部分。然而，我确实注意到在梦中我是如何被安置的。我越成功，我越能成为自己梦的中心。在我的梦中有很多指引。我真心期盼，所以我得到了。

我想你会得到你所期待的。如果你希望得到一些关于特定事物的信息，你可以在睡觉前写下来。

赫瓦贾博士：我有一个梦中自我意象量表，问题设定，例如：你觉得你的梦是基于恐惧的？或者你觉得自己不如别人有价值吗？通过这些问题可以给你的梦中意象评分。量表会告诉你哪些方面做得好，哪些方面做得不好。

卡莱尔·史密斯博士：这很有趣。我可以想象不同的时间评分会有些波动，但你会看到一个长期平均值。

不可能每天有波动，但平均值相同。你只需要每周记录这些评分，看看它如何上升或下降。

赫瓦贾博士：我想说的是，必须采取行动。如果你正致力于你的一些成功哲学，你的梦会开始变得好些，我相信这是一个催化剂，你正在“燃烧”激情。

卡莱尔·史密斯博士：哦，是的！当然，如果你做得好，工作又很努力，那么你就会看到你的结果。但当你开始在梦中看到结果时，你就知道它在起作用。

赫瓦贾博士：当我写这本书的时候，我觉得一些学者可能不同意我的观点。

卡莱尔·史密斯博士：嗯，但你必须这么做。总会有不同意的人。我就是这么做的。你必须提出你自己的观点。在我的研究中，当我开始做的时候，许多人开始说：记忆和睡眠有联系的想法是愚蠢的，他们对此大笑不解。但结果证明我是对的。从长远来看，人们会说你是对的；你是这种新哲学的鼻祖之一。做你认为正确的事，你必须去做。

与吸引定律大师鲍勃·普罗克托的对话

“科学和心理学已经把人生成败的一个主要原因隔离开来。那就是你自己拥有的隐藏的自我意象。”

——鲍勃·普罗克托

我与 Bob Proctor（鲍勃·普罗克托）有着特殊的关系，因为我毕业于鲍勃·普罗克托的教练课程。他是我老师。我很想了解他对自我意象的看法，幸运的是，他愉快地接受了我的 Skype 采访。

下面就是对吸引定律大师的精彩访谈内容。

鲍勃·普罗克托：早上好，伊姆兰！

伊姆兰·赫瓦贾：早上好！我是你的粉丝，我一直想采访你。

鲍勃·普罗克托：当然可以，请说吧。

伊姆兰·赫瓦贾：我是一名精神科医生和睡眠医生。几年前，我参加了你的“鲍勃·普罗克托辅导计划”，它改变了我的生活。它成倍地增强了我吸引财富和幸福的能力。我记得你让我们做了一个愿景练习，五年后我们的生活将如何。我想我已经实现了我所有的目标。谢谢你。

鲍勃·普罗克托：太好了，不客气。

伊姆兰·赫瓦贾：我刚刚完成了我的书，书名是《梦中自我意象的力量：如何驾驭你的潜意识思维，现在让你的理想生活梦想成真》。

我采访了几位世界著名的梦研究者。我想与你们说，通过改善他们的自我意象，你们帮助了数百万人提高生活质量。

鲍勃·普罗克托：当然可以，我很愿意。

伊姆兰·赫瓦贾：我们都知道，鲍勃·普罗克托关于潜意识思维的想法，潜意识在我们的成功中发挥着重要的作用。我们都有一个自我意象，它存在于我们的潜意识之中。这是我们想要改善的真实的自我意象。根据我作为一名精神科医生的观察，大多数人都有基于恐惧的梦。我们的大脑已经有数百万年的历史，那时我们的祖先需要在梦中做“准备”或“模拟”逃离一只剑虎，同样我们还需做好心理准备，因为食物也短缺，而我们不能花费全部精力。但现如今我们不再需要在梦中逃离剑虎，我们梦中恐惧的剑虎变成了现在梦中所想着的坏老板、考试迟到、失落感和不知所措。大多数人在梦中看到自己处在微弱光线下。不过，一个人可以改变看待自己的方式，特别是如果他们做一些梦中彩排练习的话。我还创建了一个梦中自我意象量表，我们可以给自己一个梦中自我意象的分数。在我的生活中，我注意到，当我规划自己做个愉快梦，这会转化为我梦中的一个良好的自我意象（梦中自我意象），我会让生活过得更好。

我知道，我们需要向您和其他在哲学和工作上成功的人士学习。然而，如果我们能在自己的梦中改善我们的自我感觉和自我提升效果，可能会更迅速受益，就像有一种催化剂助燃，可以提高反应的效率。

鲍勃·普罗克托：我的感觉是，梦是很有预言性的。如果你进入圣经的梦境，它们都在告诉你未来。虽然我们可能不记得它们，但我相信每个人都有梦中所想。

伊姆兰·赫瓦贾：我们可以训练自己记住梦。还记得拿破仑·希尔在睡梦中悟到他的书名《思考与致富》。

鲍勃·普罗克托：是的，当然，大脑整夜工作。我相信我们的灵魂从不睡觉。你是一个灵魂；也是一个没有踪影的灵魂；你就是我们其中之一。我认为自我意象是遗传的，很多都与一个人在人生最初几年的心态有关。而且，这取决于你所处的环境。我相信这一切都是可以改变的，可以戏剧性地改变，但大多数人不知道如何去做。

我相信你的模式是在受孕的那一刻就形成的。模式确实是社会生活中的一个重大问题。一个人可以拥有非常高级复杂的智力，对自己能力的认识却非常肤浅。

我试图帮助人们了解思维是如何工作的，它们是谁，它们能做什么。世界受规则管辖。拿破仑·希尔（Napoleon Hill）说："如果你相信财富是努力工作的结果，那你就错了，因为并不完全对。财富是对特定需求的回报，基于某些原则的应用，而不是偶然和运气。"需求就在那里，我们所要做的就是了解规则。我将向你们发送一系列关于模式转换的视频，我喜欢模式分享，因为模式转换可能是一个大问题。一个人可以改变自己的模式，但可能不知道。我认为成功人士都有无意识的能力，因此，他们不能把它转交给别人。

我已经改变，但不知道我是怎么做的。我没有受过正规教育。我的学习态度也不好。直到26岁，我拿起这本书，是《思考与致富》。我已经学习了58年，从未停止过。我花了9年半的时间才弄明白为什么我会改变。通过一遍又一遍地听拿破仑·希尔和厄尔·南丁格尔的演讲，我改变了我的模式。我只是每天听，这对我的岁月来说是美妙的音乐。

伊姆兰·赫瓦贾：鲍勃，现在人们都在听你的讲话。我开车时甚至在其他时间一直在听你的音频节目。

鲍勃·普罗克特：我是一个媒介，通过它传授他们的资料。我已经把它提升到了另一个层次，我也获得了他们终身学习的优势。

伊姆兰·赫瓦贾：是的，你是对的。当一个人处于大脑活动的 α 波节律时，他可以影响自己的潜意识，这可以通过脑电图记录下来。当人们变得更好时，他们的梦也会变得更好。另一方面，人们可以将梦变得更好，这会对他们的生活产生积极影响。清醒和入睡之间的时间是一个人进入 α 波节律的时间，它就像一个从有意识到潜意识的漏斗。

鲍勃·普罗克托：让我给你做些解释。（鲍勃·普罗克托站起来，画了一幅画来解释这个概念）

我早在1960年代就在英国学会了睡眠知识。这是清醒，而这是睡眠，中间是我们所说的暮色地带。这是思想可以进入你的潜意识的时候。

伊姆兰·赫瓦贾：这就是我所说的。你可以影响你的潜意识。

鲍勃·普罗克托：我从来没有想到过进入研究梦的领域。开始学习关于梦的知识，最初还忙于其他事情，但后来我觉得梦很有预言性。

伊姆兰·赫瓦贾：我认为梦可以给我们带来很多信息，因为你的潜意识会整理出数以百万计的信息，并以非常简洁和象征性的形式呈现给你。

鲍勃·普罗克托：你的潜意识就是宇宙头脑。

伊姆兰·赫瓦贾：是的，我相信。

鲍勃·普罗克托：我认为这就是知识和能量的所在。我们可以利用无限的智慧。看看我的小笔记本电脑。通过它我能看到你，可它甚至没有连接任何东西。我在加拿大，你在德克萨斯州的达拉斯，但我们的谈话就像坐在同一个房间里一样。这种知识一直存在。探索潜意识和梦需要了解这些知识，以及如何利用这些知识。我有这么多年来积累的资料，我想你会喜欢。

成功人士做决定很快且轻易不会改变。我一直想知道他们是如何在没有任何信息的情况下快速做出决定的。唯一的先决条件是他们想做点什么。他们不会犹豫："我够聪明吗？"或者"我有足够的钱吗？"唯一的必要条件和要求就是他们想要做。这就是你如何将你的大脑翻转到一个更高的频率。我们在频率中思考。知识处在一个更高的频率，当你把你的思想提高到这个更高的频率时，你就开始吸引你生活中的东西。没有东西被创造或毁灭，一切都已经在这里。所有的知识和力量都已经在这里。我们正在使用这些苹果手机，知识已在此很久，但我们意识到之前，我们却没有利用它们。

鲍勃·普罗克托：嗯，你住在达拉斯？

伊姆兰·赫瓦贾：是的，

鲍勃·普罗克托：你见过普莱斯·普里切特吗？如果没有的话，你应该见见他。这个人是个天才，他写了一本名为《你的平方》的书，是关于量子物理学，以及如何将它应用到你自己身上并改变你的生活。我想你应该和他联系。我会让吉娜帮你和他联系，看看你能怎么和他见面。

伊姆兰·赫瓦贾：我从事医学学术研究已经很多年了。我已决定完全转为私人执业，而且正在向我的病人传授有关潜意识和梦的知识。结果是惊人的。自从我开始自己创业以来，我感到充满力量。

鲍勃·普罗克托：当你拥有自己的企业，你是自由的。而作为一名雇员，你会受到雇主的限制。

伊姆兰·赫瓦贾：没错！

鲍勃·普罗克托：在私人执业中，你可以设置自己的专业范畴，你不必受制于别人的限制。当你意识到思想创造一切时，你就拥有海阔天空。你不必停止在大学教书。大学则不明白。你可以在私人执业中挣钱，也可以在大学工作中获得精神收入。收入有两种类型：一种是物质收入，比如维持机器运转的金钱，另一种是精神收入，让你的灵魂正常运转的恰恰是精神收入。物质收入是服务于身体，精神收入则服务于灵魂。你知道我以前从来没有说过这句话，但我现在告诉你，我意识到了这一点，而且坚信这一点。

我这里有一个演播室。我可以广而传播，你也可以。凭借你的资历，就有人听你讲话，即使是那些有智力障碍的人。人们总是听医生的话。这就像种族意识。除非我们明白这些限制是潜意识的，并且是在我们的主观头脑中受到控制，否则我们将无法改变这些模式。让我给你联通普莱斯·普里切特。我祝你出书一切顺利，记得一定寄给我。祝你好运！

与《心灵力量与量子战士》一书作者约翰·凯霍的对话

“梦之所以如此有趣是因为梦是意识和潜意识相遇的地方，是日常生活的影像与隐藏的潜意识智慧邂逅的地方。”

——约翰·凯霍

约翰·凯霍是心智运作领域的先驱。他在1970年代开始了他的研究旅程，并开发展了许多改变生活的技术，所有这些都利用了个人的思想力量。他的书很畅销而且永恒。能够通过Skype与他交谈是一种荣誉。

伊姆兰·赫瓦贾（IK）：非常感谢你今天抽出时间接受采访。

约翰·凯霍（JK）：谢谢你，伊姆兰。

伊姆兰·赫瓦贾：我是学医的，我一直在写一本关于梦以及梦如何改善自我意象的书。我的书几乎完成了，但我想如果没有采访你，它是不完整的。

约翰·凯霍笑着说：你是个聪明人。

伊姆兰·赫瓦贾：我已经做了20年的精神科医生。我一直对梦和成功感兴趣。我意识到梦在我们的生活中起着至关重要的作用。我采访了罗莎琳德·卡特赖特博士和卡莱尔·史密斯博士，他们都是梦境领域的科学家。我想从研究人员、励志演讲者和作家那里了解一些观点，他们在这方面做了很多像你这样鼓舞人心的工作。我读过你的书《精神力量》，它很吸引人。我兄弟和我一直在做这些练习，而我们一直在写我们的书。这给我们带来了巨大的变化，我想和你们谈谈。

约翰·凯霍：太有吸引力了，让我们开始吧。

伊姆兰·赫瓦贾：我们每个人都有一个自我意象。我们不能超越自我意象发挥。我们真实的自我意象只有在梦中可以看到。我相信我们的自我意象大部分是潜意识的，尽管我们在意识层面也有对它的一个概念。但是大多数人没有意识到潜意识的存在。

约翰·凯霍：你说的完全正确。大多数人没有意识到潜意识。我们过着两种平行的生活，一个是有意识的，另一个是潜意识的。潜意识不受限制，因为它与所有现实的能量网相连。它可以获得无限的信息，这就是为什么与潜意识思维一起工作如此迷人，如此有益的原因。如果你能让你的潜意识思维成为你的伙伴，它可以提供你实现目标所需的所有信息。潜意识提供评估信息的方式之一就是梦。梦是一种与你的潜意识联系的、令人着迷的方式。我的很多作品都来自卡尔·荣格的作品。他是那个领域里、系统地组织梦世界工作的灵魂人物。因为梦可能是杂乱的，所以需要有人了解这种结构。我的很多作品都是基于荣格的作品和他对梦的诠释。

梦可以是琐碎的也可以是有价值的。我认为，如果说所有的有价值的信息都是来自你的潜意识的话，那就太天真了。梦中的符号越多，就越迷人。当你醒来时感觉：哇，有什么东西正试图向我展示自己。这种感觉本身就表明梦中有什么东西在等着你。当你成功地解释了自己的梦后，你开始意识到这是一个非常有效的信息来源，尽管不是唯一的来源。

伊姆兰·赫瓦贾：你对宇宙意识这个问题怎么看？

约翰·凯霍：我绝对相信它，我认为宇宙意识早于创世大爆炸。大多数科学家很难解释创世大爆炸，但我相信一定有过很多次大爆炸。大多数先进的思想家认为可能有一个宇宙母亲。我认为你的潜意识也与宇宙意识有关系。

伊姆兰·赫瓦贾：我已经研究这项技术好几年了，我训练自己要做更好的梦。我想象有梦，并命令我的潜意识给我积极的梦。因此，我有了许多美好的梦。即使有时在我的梦中我感到有某种危机正在逼近，我也感到非常坦然和脚踏实地接纳它们。

约翰·凯霍：这是一个迷人的观点，我必须说我以前从未听说过。但是我对它很感兴趣。我不知道我们是否真的能改变我们的梦，因为梦实在是太充满活力了。我们可以去梦中寻找答案。

当我开始教授梦课程的时候，我已经为自己的梦工作了10年。我不确定自己是否胜任教书，所以我孕育了一个梦。我有一个多人团队，我教授如何做梦的工作。

在梦研习班的前一天晚上，我从一个迷人的梦中醒来。我梦见自己和大约七位留着长发的老人们在一起，他们正在测量我的头发。有些人说：他的头发足够长。有些人说：不，还不够。最后所有人都认为我的头发够长了，然后这个梦就此结束。我把这个梦解释为，我有足够长的头发可以当老师，我可以教授关于梦想的知识。这给了我很高的信心，当然现在我开了很多梦的研讨会并分享给人们我的教程。

伊姆兰·赫瓦贾：这很吸引人。你不一定马上就能得到答案，而且可能需要一些时间。

约翰·凯霍：这里有几个例子，比如在商界的人们常常会做的梦，梦是被遗忘的语言，但我认为现在人们正在逐渐意识到梦的用处。你不要设想用一本书告诉你一千个符号的含义。因为即使是同一个符号，对不同的人也意味着不同的含义。

当我为来访者提供梦工作时，我通常要求他们给我他们在梦中看到的五个主要符号。我也喜欢与其他人交谈，并且有个梦的委员会。是我从未从字面上解释过一个梦。如果你逐字解释，那会永远是错误的。梦是有象征意义的。

伊姆兰·赫瓦贾：你觉得和你的潜意识交谈怎么样？拿破仑·希尔（Napoleon Hill）在梦中找到他书的理想名字之前，曾常常与他的潜意识对话。最后确定了书的名字为《思考与致富》。

我一直在临床工作中使用它。对于难以入睡或难以使用无创呼吸机（CPAP 设备）的患者，我告诉他们要和他们的潜意识做朋友。我知道你熟悉米尔顿·埃里克森的作品。

约翰·凯霍：当然！我认为，你与潜意识的交流是越多越好。

无论是指导你的潜意识获取信息还是做一些梦孵

化，这些都是非常有价值的。我的一些新作品实际上是一个创造算法，所以我可以更好地运用我的潜意识。我着迷于神经可塑性的最新发现以及大脑如何重新布线。将神经可塑性与心理学深度相结合，为我们提供了与潜意识打交道的方法，这是以前从未想到过的。

具体方法上，有时我重复一些简单的肯定，比如“我的潜意识是我成功的伙伴”。也重复说“我的潜意识与所有现实的能量网相连。”

伊姆兰·赫瓦贾：我喜欢这个。

约翰·凯霍：这是我最喜欢的。通过这样说，我们正在做一些事情。第一，提醒我们在有意识的头脑里有一个潜意识思维，通过这样做，你要请它合作。我们的有意识思维非常傲慢。它会说除了“我之外，还有什么”，所以你必须以非常温和的方式教育你的有意识。有意识思维想要知道和理解一切——这就是为什么它如此好奇的原因——它创造了故事。这就是为什么我们要神秘气氛。所以，我告诉我的有意识思维，如果我们确实有潜意识，你会有兴趣和它交流吗？将有意识引入潜意识。然后你可以研究一些技术来增加两者之间的交流。

现在，我们进化的方式——这取决于你的信仰是什么——我们有两种思维：有意识的和潜意识的。潜意识思维更强大。你的有意识思维与你对话，所以让你的有意识思维融入这个概念是个好主意。

伊姆兰·赫瓦贾： 你觉得选择我们睡觉前的时间怎么样？我相信当我们处于脑电图活动的 α 波节律时，我们更容易接受建议。

约翰·凯霍： 你是正确的。这是宝贵的时间，你处于意识和潜意识之间。这就是为什么你不要把你的烦恼带到床上的缘故。如果你把恐惧带到床上，你就是在潜意识里留下恐惧的印记。所以你必须提前计划。这是一个沉思的好时机。你可以告诉你的潜意识，它与一切都有联系。要给予一些积极的肯定。

伊姆兰·赫瓦贾： 我已经习惯了在半夜醒来的时候，用一些积极肯定的话帮助自己实现目标。现在我被你的故事迷住了。你说你在荒野里呆了几年。你能分享给我这件事吗？

约翰·凯霍： 去荒野是一个非常有趣的故事，因为我读了相关的所有资料，我知道所有关于精神力量的事情。尽管如此，我还是无法在生活中证明这一点。我内心有一种去荒野的召唤，我做到了。我给自己建了一间小屋，离公路大约四分之一英里。这并不是说我在这段时间没有见到任何人。我仍然有一辆车，而且我每周都会回来一次和朋友们见面。那是我一生中最激动人心的时刻，也是我一生中最具开创性的时期。因为正是在这段时间里，我开始与我的潜意识思维沟通，并获得这些难得的愿景和信息。其中有许多在书中找不到。这就是心灵六大法则的来源，在此我开发了其他技术。三年后，我想我应该拿出并教会其他人，但我一直在拖延，可是有一天，我的潜意识对我说："拿出来，教人。"

我不知道大家是否有准备，可是不到一年，我的一般观众就超过了 1000 人。每个人都想知道这个从树林里来的人是谁。思想是力量！当时没有人知道这一点，当然现在用这些术语来思考已经司空见惯。所以，我不想再回到森林里去了。

伊姆兰·赫瓦贾：但正因为如此，你总是可以在脑海中"回到荒野"去。

约翰·凯霍：就是这样！你不必再去荒野。只需跟随训练就好了。如果你做这项工作，你会有所收获。梦也是一样。你尊重你的梦，它们也会尊重你。在床边放一本梦日记。尊重你的梦，把它们写下来。与你的潜意识思维建立关系。

去年我做了最后一次世界巡演，现在我有了这个在线社区，因为我只能实地去一定数量的城镇。我通过这个在线社区教授成千上万的学生。

伊姆兰·赫瓦贾：太好了。我从未发现任何一位成功作家或成功领域的领导者不谈论潜意识。尽管如此，在医学研究和精神病学中，除非你接受精神分析培训，否则不会谈论它。

约翰·凯霍:（笑）这是为什么在美国会有这么多的诉讼。潜意识是你无法证明的东西。现在许多心理学家和治疗师仍然使用这个概念，而且大多数人都是使用整体性概念。我的一位精神科医生朋友告诉我，她使用我的资料取得了最大的成功，这消息非常令人鼓舞。现在，你看到的仅仅是“元素精神力量 101”，而且这只是一个开始。

伊姆兰·赫瓦贾：当我使用“潜意识思维”这个词时，也取得了很大的成功。在大多数情况下，它能化解阻力。

约翰·凯霍：头脑总是在思考。有些东方传统会教你如何阻止大脑思考，但我已经发展了一些技术，让你可以引导你的大脑思考去想你要思考的东西。为什么不利用你的思维力量呢，它喜欢思考，所以与其阻止它思考，不如引导它去思考你想让它思考的。

伊姆兰·赫瓦贾：这太棒了！谢谢你和我一起度过这段时间，分享了你的智慧。还有其他分享吗？我知道你几分钟后还有一个电话。

约翰·凯霍：这将是我的文末赠言：生命是非常非常神秘、奇妙和美丽的，超越了我们对它的概念。这是一次奇妙的旅行。你越了解我们生活在有意识和潜意识中，越了解我们生活在量子的时空中，我们就会越好。请永远记住要快乐，追随你的激情，让它尽情展开你生命的乐章。

与普莱斯·普里切特（Price Pritchett）博士的对话

"你的平方意味着你的个人表现有一个"爆炸性的飞跃"，这让你远远超出了下一个逻辑步骤。"

——普莱斯·普里切特博士：《你的平方》

鲍勃·普罗克托把我介绍给普莱斯·普里切特。鲍勃称他为"天才"，我完全同意这一点。

我向普莱斯·普里切特博士询问了他的生活，以及他是如何帮助价值数十亿美元的公司实施并购战略，并取得那样成功的。他关于这个话题的书很畅销。

伊姆兰·赫瓦贾（IK）： 鲍勃·普罗克托先生向我介绍了您和您的工作。他对您评价很高。

普莱斯·普里切特（PP）： 鲍伯·普罗克托是他自

己所在领域的游戏大师。

我在心理学方面获得了博士学位，我写了关于个人突破和自我导向改变的博士论文。从一开始我就知道自己想与商界合作。我确实也在精神科做过临床实习，那是一次很好的学习经历，但基本上证实了我对与企业合作的兴趣。我的职业重点一直是与有能力的人和企业合作，将他们提升到更高的水平，并为他们的突破性增长做好准备。

当我在五角大楼担任陆军上尉时，我在大都会人寿保险公司的两项个人发展规划中进行了论文研究。从那时起，我的工作重点一直放在人们可以为自己做些什么来最大化表现自己方面上。如果你有足够的钱和专业人士为你提供治疗或指导，这是很好的；但即使是负担不起这些的人也可以为自己做很多事情。我非常相信个人责任。我认为自由、成功和幸福的秘诀在于拥有提高自己的自我效能。

这是我在《你的平方》一书中的一个基本概念。这些年来，我写了30多本手册和6本精装书，但《你的平方》是最受人们喜欢的。

在我职业生涯的早期，我在芝加哥的一家心理咨询公司工作，我们开展了高管评估。我对技能、教育和个人素质基本相同的求职者之间的工资差异，感到震惊。我会看到两个人，比如说A和B，有着非常相似的资历，但其中一个人的收入是另一个人的三倍。我曾经想，“其中发生了什么事？”答案是，在自我概念和他们所做的选择方面存在着巨大的差异。

后来，我离开芝加哥，来到德克萨斯州的达拉斯，创办了自己的公司PRITCHETT，LP。我们专注于兼并和收购，在那里，我目睹了两个看似可比的公司如何实现增长的同类差异。假设我们有A公司和B公司，它们的年平均增长率都是6%。但随后A公司收购了另一家同样规模的公司，称之为C公司。结果，A公司瞬间就是B公司的两倍大。这就是我在《你的平方》一书中提到的那种突破性的表现。核心原则同样适用于个人、企业家和大型组织。

伊姆兰·赫瓦贾（IK）：在个人层面上，责任感是一个重要因素。可是，如果两个人做出了相同的选择，而其中一个人有更好的自我意识，这会有区别吗？

普莱斯·普里切特（PP）：一般来说，有显著差异。是谁说的“授权是一项内部工作？”这是你和我都相信的。挑战在于如何让人们振作起来……做出更有力的选择。

伊姆兰·赫瓦贾（IK）：我书中有一句波斯诗人的名言，是这样写的。“我一直在敲门寻求答案，但当我敲到最后，门打开时才发现，我是在屋子里，”这意味着所有真正的答案都来自内部。在我的生活中，我读了很多书。我的主业是从事精神病学工作，但我已经开始做更好的梦，我和我的潜意识思维对话。在我入睡前我思考的一个信息给了我灵感，这给了我的潜意识思维一些工作去做，我得到了很大的鼓舞。额叶在做梦时功能关闭。它更有创意。例如，在我的梦中，如果我被熊袭击，我可以用脚思考，而不是高肾上腺素反应。这是一个梦的生活，故事都有一些趋同。

普莱斯·普里切特（PP）：这就是我所说的“大头脑”和“小头脑”的问题。大头脑是潜意识的，全天候（24/7）运作。它总是在工作，从不关机。但是我们的小头脑只有在我们清醒的时候才会工作；当我们睡觉时，我们的认知过程处于关闭状态。但当我们睡觉和做梦的时候，你的大头脑一直都在运转。

伊姆兰·赫瓦贾（IK）：一个人一生中大约有7年时间处于快速眼动睡眠状态。大脑总是在思考，所以你不妨训练自己获得想法或答案。因此，这位科学家，卡莱尔·史密斯博士，写了一本书《引领梦想》。潜意识思维是一台非常强大的计算机，它可以计算出如此多的场景，甚至吸收你未觉察的你知道的信息。潜意识可以收集肢体语言，而你的小头脑却没有这个本领。

普莱斯·普里切特（PP）：潜意识从你的小头脑的有意识察觉中提取信号。

伊姆兰·赫瓦贾（IK）：你知道拿破仑·希尔是如何得到他的书名的吗。他的出版商打电话给他，请他给他的书取个恰当的名字。拿破仑·希尔要求他的潜意识思维给他一个答案，醒来时希尔得到了他的书名，标题是:《思考与致富》。

普莱斯·普里切特（PP）：最未开发的资源就是潜意识思维。有趣的是，做一些简单、省时的训练，就可以让人们来挖掘他们的潜意识。我在《你的平方》的续集《量子跳跃战略》中提出了一个仪式，一个只需12分钟的简单练习。这是一个冥想过程，把一个人带入他们广阔的心灵。如果人们养成这种习惯，他们会看到惊人的结果。在量子跳跃仪式中，你处于幻想状态，既不是睡觉状态、也不是完全清醒。你不是在尝试。你是在思考你的目标，不是以一种意志力的方式，而是以一种放松的状态，激发你的想象力和直觉，这是一个非常强大的东西。

就像吉姆·罗恩说的:“你最多花上五个人的平均时间”。假如我与五个快乐的人在一起，我会变得快乐，因为那是我想要的生活。可视化可以产生同样的效果。

吉姆·罗恩真是太棒了。他是托尼·罗宾斯的老师，托尼·罗宾斯也谈到了这一点。罗宾斯说，当他开始与亿万富翁交往时，他的生活发生了变化。他叙述说，他的一个朋友请他和他一起去旅行，这将花费 4 万美元。托尼犹豫不决，因为他不想花这笔钱，也不想浪费时间，最后他还是去了，但这改变了他的生活。当他开始与亿万富翁交往时，他的生活发生了变化。

现实是我们都容易受到周围环境的影响。一个普通人在听新闻时，脑子里会在想些什么？都是负面的。这是污染，并把听众带入一个消极和有害的方向。

伊姆兰·赫瓦贾（IK）：这绝对是真的。

* * *

普莱斯·普里切特博士对自我意象的概念，以及如何利用睡眠来提高自我概念的观点是非常鼓舞人心的。我问他对我书中提到的梦中自我意象的概念有何看法？他回答说，当人们设定目标时，往往不知道如何才能让自己实现这些雄心壮志。他还对我说，一本指导读者独立塑造自我意象的书，对于那些寻求提升自身表现的读者来说，将是一笔巨大的财富。

"询问……求索……敲门……梦想将属于你"

——普莱斯·普里切特

满足感的循环

打开这本书，它饱含力量思想和路线图，会助你实现理想生活

——里兹万·舒贾和伊姆兰·赫瓦贾

这是给你的奖励。我想让你看一看这本书，它有可能改变你的人生历程。梦中自我意象工作犹如涡轮发动机助你实现当前的生活目标。你阅读这本书，它就会像一个超级涡轮发动机助你。我与企业家兼教练里兹万·舒贾（我的兄弟）合著了这本书。里兹万在四年内将业务增长了五倍。里兹万和我研究了许多作家和教练，我们参加了许多研讨会，我们即将出版的书是对所有对我们有用想法的提炼。我们要感谢所有让我们从中受益的作者，并希望通过传播我们自己的想法和其他成

功作者的想法，来为其他人的生活做出贡献。我们的使命是让人们摆脱平庸的引力，实现他们想要的生活目标。里兹万通过指导人们保持正确的心态，改变了许多人的生活。这里只是一个片花预告：

人生的成功主要在于掌握并实现以下五个目标：

1. 精神和情感上的满足

2. 身体健康

3. 与自我、他人和上天有着极好的关系

4. 职业和商业的卓越成就

5. 经济和物质的富有

它们形成了一个循环，我们称之为“满足感的循环”，因为它们都是相关的。你将在我们的下一本书中了解到这一点，但现在请先了解一下这里的概念。

想象一下你想要实现一个人生目标。比如说，你想赚一百万美元或者买一辆兰博基尼。你认为根本目标是实现这个目标吗？那不是真的！真正的目标是你要拥有一种特殊感受或心情！

什么是成功？是有很多钱吗？是有很多知识？是名气很大？是和一个漂亮的伴侣约会？是赢得了奥运奖牌？还是心灵的平静、幸福或与更高自我的联系？无论我们的目标是什么，都是为了获得一些感觉。

因此，无论我们在生活中做了什么，从学校、大学、工作、生意、买新车、买房子等等开始，都是为了获得良好的感觉 / 驾驭的心情。如果我们实现了自己的目标，但没有得到想要的心情（大多数时候我们都不知道），我们会觉得自己失败了。

追求丰富的情感财富：你的目标是什么？

最重要的目标是情感财富。你所有的决定都是基于你的精神和情绪状态。由于你的基本目标（如金钱、汽车等物质）是获得确定感、安全感、成就感、重要性和有意义、幸福感、爱和联系等赋予你力量的情感，因此意识到这一目标很重要。

如果我们的目标是拥有一辆豪华轿车，有一天我们得到了它，我们就获得了一些乐趣，但几天之后，如果我们觉得这就是人生目标的全部，那么就会有一种失败的感觉。我们得到了快乐但没有满足感，就像我们可以从酒精、毒品或垃圾食品中得到快乐一样。从长远来看，那些给我们暂时的快乐而不是满足感的事情伤害了我们，因为我们不知道我们的根本目标是什么。意识到你所寻求的情感财富，因为它将是你的一个伟大的驱动力和动力。

另一个简单的例子是，如果你想拥有 50 家餐馆去赚更多的钱，以显得更重要和更有影响力，而且为了炫耀自己和拥有这些物质财富，你可能屈服于不当行为并且损害自己的情感健康。另一方面，如果你改变目标，成为一个守纪律、有判断力和自控力、自信、有知识、有专业技能、有管理技能、关系融洽、有决策力和行动勇气的人，那么金钱、重要性、影响力和物质的东西很可能随之而来。

你寻求精神财富的原因是，它是你经济财富的重要组成部分。如果以贪婪为动机，你就可能伤害或欺骗他人。对伦理、道德和价值观的忽视将阻碍你在商业及财富方面的成长和进步。所以，请把你的目标从物质财富转变成情感财富。

如果我们实现了一个目标，但没有了解目标背后的真正原因，或者它为什么是“不健康的”，那么就是失败。正如托尼·罗宾斯（Tony Robbins）所教导我的，“没有满足感的成功就是失败。”因此，修改你目标的内涵。生活中的许多东西没有任何意义，除了你赋予它的意义。

祝他人幸福。你积极活动会吸引积极的人。感觉就像击鼓传花一样、会回来的。

始终管理你的情绪状态：

保持机敏或美好的状态。

托尼·罗宾斯称长久和永恒的快乐为“巅峰状态”。他是对的！他还称之为“美丽的状态”。

或许不可能总是处于“巅峰状态”，但你可以培养你的思想处于积极的状态而不是消极的状态。拿破仑·希尔（Napoleon Hill）在其著作《通过积极的心态获得成功》（PMA）中写道，我们的态度像是一枚硬币，有一个“积极”面和一个“消极”面。他敦促人们始终保持PMA（通过积极的心态获得成功），以获得超出想象的益处。拿破仑·希尔的积极心态与托尼·罗宾斯的“巅峰状态”之间存在着联系，你将在我们即将出版的书中得到更多的介绍。

你所处的状态，无论是积极的还是消极的，都决定了你的决策。例如，如果你在开车时，有人挡住了你的路，而你已经处于消极状态并且怨恨、担忧或恐惧，将会发生什么？你可能成为路怒，这会让你更加心烦。

另一方面，如果你处于愉快的心情/给予积极模式（或巅峰状态或美丽状态），那么你可能会格外小心地向对方司机以礼相待。每个人都能够根据自己的情绪精神状态做出决定或选择。你的情绪/精神状态对你的决定或行动有巨大的影响。随着时间的推移，我们的一个小小的决定将决定我们的成功或失败。

正如吉姆·罗恩所说：

“成功是每天正确的小决定和付诸的行动，失败则是每天实践一些错误的判断。”

如果你一直生活在一种积极且机敏的精神状态中，你的决定、判断、选择和行动将积极地支持你和你周围的其他人。它们将缓慢但肯定地推动你朝着目标前进。记住，你已经赢得了比赛，因为你的基本目标是处于一种“最佳的心里美状态”。通过保持积极的心态，你就接近了你的目标状态。

如果你想实现你的目标或者大部分时间都处于巅峰状态，那么就要尽量摆脱较低的消极情绪，比如仇恨、愤怒、怨恨、嫉妒、自私、担忧和恐惧。

虽然不可能摆脱所有负面情绪，但至少你的意图应该是降低负面情绪。如果你生活在一种消极的心态中，恐惧和担忧会阻止你做出重大的或正确的决定。

我们还知道，负面情绪会加剧并导致人体内的许多疾病，包括身体的酸度、便秘、糖尿病、心脏问题和精神健康障碍。有多种方法可以帮你抛弃消极情绪，例如视觉化、冥想和神经联想调节。在本书中，你将详细了解减少消极情绪的具体方法。你还将学会发展和培养积极的情感，如爱、同情心、宽容、善良、同理心、和平、安宁、幸福、信念、感激，最重要的是需要奉献。

保持巅峰转态，将自动改善你在生活各个方面的决策、判断和选择，它将改善你的身心健康、人际关系、学术水平、职业发展、财务和投资收益。生活中所有这些方面的改善，都将进一步改善你的精神 / 情绪状态。

处于一种积极的状态，其本身可能不会转化为巨大成功，但它会让你做出决策，而大多数人都很难做到这一点。

* * *

做一个自信的决策者

我们知道，你不会仅仅通过努力工作或工作更长时间而变得富有。当你有勇气做出深思熟虑和及时的决定并且采取行动时，你就会变得富有。如果你生活在负面情绪中，大多数时候你会有担忧和恐惧，而没有勇气。你需要勇气并通过良好的判断去做有意义的冒险，然后你会很快成功，至少在经济上。

做决定对每个人来说都是非常困难的。这会是一个正确的决定吗？我应该嫁给这个人吗？我应该自己创业吗？这样的例子不胜枚举。布莱恩·特雷西说：大多数时候，人们生活在“有一天我会做的”（引自《岛》）。

托尼·罗宾斯说：“这条命名为“某日的路通往一个名为“无处的小镇。”

人们对自己不确定时，他们会想从别人那里寻找答案。然而，其他人却很难为他们设身处地，所以可能无法给他们准确的建议。要知道、这就是人们会拖延的原因。

就在最近，我们的一位客户在决定退休时遇到了麻烦。他意识到他受到排挤是因为他的一位年轻同事的晋升，从而引发了一种“错过”的感觉。我们问他：“汤姆，你自己有没有尝试过晋升？”

他说，“我本可以在几年前就这样做的。”

那你为什么没去做呢？我们问道。

“我认为当时我还没有准备好，”他回答说。

我们帮助他意识到，他一直有着“没有准备”要退休的想法，并享受着自己的木工手艺。一旦他意识到，他就很容易决定在未来六个月内退休，以免犯同样的错误。常听有人说，“我做这件事的最好时间应该是 10 年前。”我们会告诉他们，“是的，但第二个最好的时间是今天。”

采取果断行动：

“思维只有在行动中才能有创造力。”

——拿破仑·希尔《通过积极的心态获得成功》

大多数成功作者都相信，采取行动是关键，但除非你克服恐惧并做出决定，否则你无法达到目的。正如 Rory Vaden 所说：

“采取下一步合适的行动是关键。”

要点集锦：

简而言之，在没有资源的状态下，你无法在生活的任何方面发挥你的潜力。如果你获得了情感财富，你就已经在实现所有愿望的路上了。处于一个最佳的情绪状态，对你的财务、职业关系、身体健康和精神健康等方面都有帮助。

如果你摆脱了忧虑和恐惧，做决定就会容易得多，你就能更有效地实现你的目标。你将同时体验到勇气的增强，成功可能性的提升。经济上的成功，与努力工作程度或工作时间长短并不成正比。这取决于你的决定和迅速采取行动的能力，你为什么要追求这些目标的理由也会产生直接影响。请记住，你所做的一切都是为了进入一种“情绪状态”，一旦你学会了如何进入这种状态，生活就会变得更加充实。

吉姆·罗恩（Jim Rohn）教导我们，目标的目的不仅仅是实现它，而是让自己成为一个有自律的人，成为了一个追求目标的人。有人可以拿走你所有的钱，但他们无法夺走你的生活经历也无法阻挡你成为为追求自己目标的人。

如果我们经常遇到负面情绪，如仇恨、嫉妒、羡慕、报复、怨愤、自私、担忧、恐惧，那么我们就会生活在痛苦和折磨之中，这会影响我们的身体健康、人际关系、职业生涯、财务收益等。我们要选的是，生活在痛苦之中还是在美丽/机敏的状态之中。

在我们的下一本书中，我们将分享给你、如何控制情绪状态或摆脱痛苦状态并处在美丽状态的技巧。再会之前，暂说再见。

附　录

梦中自我意象量表

一、我觉得我的梦充满了威胁和恐惧

1. 强烈同意

2. 同意

3. 不同意

4. 强烈反对

二、在梦中，我觉得自己是一个有价值的人，至少在平均线之上或者比别人更高

1. 强烈同意

2. 同意

3. 不同意

4. 强烈反对

三、在梦中，我觉得自己不如别人有价值，觉得自

己在某种程度上依赖别人

1. 强烈同意

2. 同意

3. 不同意

4. 强烈反对

四、在梦中，我觉得我和别人一样高。我不认为自己比别人矮

1. 强烈同意

2. 同意

3. 不同意

4. 强烈反对

五、在梦中，我公开地与人交谈，一点也不害羞

1. 强烈同意

2. 同意

3. 不同意

4. 强烈反对

六、在梦中，我经常看到自己和名人（如电影明星、政治家、总统等）在一起

1. 强烈同意

2. 同意

3. 不同意

4. 强烈反对

七、在梦中，我与我的老板或权威人士相处感到非常舒服

1. 强烈同意

2. 同意

3. 不同意

4. 强烈反对

八、在梦中，即使在危机中，我也感到平静和可控

1. 强烈同意

2. 同意

3. 不同意

4. 强烈反对

九、我在梦中飞翔，或者有一种漂浮在空中的感觉

1. 很多

2. 有时

3. 很少

4. 几乎从来没有

十、在梦中，我迟到了或者找不到我正在寻找的东西

1. 很多

2. 有时

3. 很少

4. 几乎从来没有

现在你知道如何检测你的梦中自我意象评分了。

请参考下面的分数解释。

梦境自我意象得分：

10 分或以下：梦中自我意象极差

20 分或以下：梦中自我意象差

21–29 分：梦中自我意象 从一般到良好

30 分及以上：良好的梦中自我意象

图书在版编目（CIP）数据
梦中潜意识：利用梦的力量　成为更好的自己 /（美）伊姆兰·赫瓦贾，（美）里兹万·舒贾著；夏寒松译．--上海：文汇出版社，2025.3
ISBN 978-7-5496-4471-1

Ⅰ. B842.7-49

中国国家版本馆 CIP 数据核字第 2025VK8849 号

图字：09-2025-0105

梦中潜意识：利用梦的力量　成为更好的自己

著　　者 /（美）伊姆兰·赫瓦贾　（美）里兹万·舒贾
译　　者 / 夏寒松
审　　译 / 吴少辉
责任编辑 / 甘　棠
装帧设计 / 薛　冰

出版发行 / 文匯出版社
上海市威海路 755 号
（邮政编码 200041）
经　　销 / 全国新华书店
照　　排 / 上海歆乐文化传播有限公司
印刷装订 / 浙江天地海印刷有限公司
版　　次 / 2025 年 3 月第 1 版
印　　次 / 2025 年 3 月第 1 次印刷
开　　本 / 787 × 1092　1/32
字　　数 / 150 千
印　　张 / 5.5

书　　号 / ISBN 978-7-5496-4471-1
定　　价 / 48.00 元